健康素养科普丛书

安全与急救健康素养

主编　韩铁光
副主编　杨国安 庄润森

SPM 南方传媒
全国优秀出版社
全国百佳图书出版单位　广东教育出版社
·广　州·

图书在版编目（CIP）数据

安全与急救健康素养 / 韩铁光主编；杨国安，庄润森副主编．—广州：广东教育出版社，2023.9

（健康素养科普丛书）

ISBN 978-7-5548-5342-9

Ⅰ．①安… Ⅱ．①韩… ②杨… ③庄… Ⅲ．①安全教育—基本知识②急救—基本知识 Ⅳ．① X956 ② R459.7

中国版本图书馆 CIP 数据核字（2022）第 251265 号

安全与急救健康素养

ANQUAN YU JIJIU JIANKANG SUYANG

出 版 人：朱文清
责任编辑：黄　倩
责任技编：佟长缨
装帧设计：李玉玺
责任校对：田建利
出　　版：广东教育出版社
（广州市环市东路472号12-15楼　邮政编码：510075）
销售热线：020-87615809
网　　址：http://www.gjs.cn
E-mail：gjs-quality@nfcb.com.cn
发　　行：广东新华发行集团股份有限公司
印　　刷：佛山市浩文彩色印刷有限公司
（佛山市南海区狮山科技工业园A区）
规　　格：787 mm × 1092 mm　1/32
印　　张：4.625
字　　数：94千
版　　次：2023年9月第1版
2023年9月第1次印刷
定　　价：20.00元

编　委　会

前 言

良好的健康素养是一个人维护和促进自身健康的能力，健康素养水平直接影响自己乃至他人的健康状态。一个人的健康素养水平高，那么他生病或受伤的概率就会大大降低，也就是说，他可能少生病、晚生病，甚至不生病，这自然就会提升其生活的幸福指数。当然，这种能力不是天生的，需要后天的学习与实践。

《中国公民健康素养——基本知识与技能（2015年版）》（简称“健康素养66条”），提出了现阶段我国公民应该具备的基本健康知识和理念、健康生活方式与行为、基本健康技能。为实施健康中国战略，2019年国务院发布健康中国行动，其中健康知识普及行动是15个行动之一，健康素养水平被列为26个考核指标之一。2020年6月1日起，《中华人民共和国基本医疗卫生与健康促进法》正式实施，该法明确要求要提高公民的健康素养，并规定公民是自己健康的第一责任人，应树立和践行对自己健康负责的健康管理理念，要主动学习健康知识，提高健康素养，加强健康管理，并倡导家庭成员相互关爱，形成符合自身和家庭特点的健康生活方式。

为了有效快速提升公众的健康素养水平，我中心根据公众的健康需求，组织有关人员编写了健康素养科普丛书，包括《安全与急救健康素养》《妇幼健康素养》和《运动健康素养》三册。这套丛书采用通俗易懂、科学实用的撰写方式，按照“案例直击—解惑答疑—预防处置”的思路进行编写，即先以生活中常见或易发生的现象、案例来引导，再对该现象或案例进行深入解析，分析该现象或案例发生的原因，阐述其所带来的后果，最后列出该类事件的预防方法和发生该类事件时的应急处置办法。丛书内容及主题均为人们生活和工作中常见的以及人们关心的健康焦点话题，既可以作为老百姓居家学习的健康辅导书，又可以作为医疗卫生专业机构技术人员开展健康宣传的参考用书。

这套丛书在编写过程中得到了深圳市卫生健康委员会领导的大力支持，以及深圳市妇幼保健院、龙岗区健康教育与促进中心等有关单位的积极协助，在此表示衷心的感谢。因编写时间仓促，编写人员水平有限，书中难免有不足之处，望各位专家、读者批评指正。

深圳市健康教育与促进中心

目　录

SOS

1 谨防狂犬病

案例直击

9月5日晚饭后唐先生带着两个女儿和儿子小源在家门口玩耍，小源被一只突然冲出的黄狗咬伤，眼部和腿部均有伤口。小源被咬伤后不到两个小时，唐先生就带着他到医院治疗，并注射了狂犬病免疫球蛋白和狂犬疫苗。9月17日，距离第四次接种狂犬疫苗还有两天，小源出现发热症状。9月18日下午，小源因呕吐、发烧入院治疗。19日凌晨，小源出现呕吐粉红色泡沫样痰、心率下降、呼吸暂停等症状，经过两个小时的抢救，最终不幸离世。9月20日，小源所在区卫生和计划生育局发布的临床会诊结果报告显示，经市级多名专家会诊，根据流行病学史、临床症状及发病经过，小源被诊断为狂犬病。

解惑答疑

狂犬病主要由携带狂犬病病毒的狗、猫等动物咬伤或抓伤所致，一旦发病，病死率达100%。狂犬病疫苗需接种多针，前后过程约一个月，但狂犬病病毒潜伏期有长有短，它与咬人的狗本身所携带的病毒量、被咬的部位以及人体本身的免疫能力都有关系。一般狂犬病病毒主要是感染神经，如果被咬部位接近神经或者伤及神经，那么病毒进入人体内的速度远远快于其他部位，也会加快发病速度。在这个事件中，小源被咬的部位靠近眼睛，而眼睛周围遍布神经，且皮下组织少，血液流通速度非常快，加快了感染速度，在狂犬病疫苗产生效果之前就已经发病，最终导致死亡。

《中国公民健康素养——基本知识与技能（2015年版）》第14条明确指出："家养犬、猫应当接种兽用狂犬病疫苗；人被犬、猫抓伤、咬伤后，应当立即冲洗伤口，并尽快注射抗狂犬病免疫球蛋白（或血清）和人用狂犬病疫苗。"

预防处置

预防方法

1. 加强对狗和猫的管理，按时为其接种兽用狂犬病疫苗。

2. 带狗外出时，要使用狗链，或给狗戴上笼嘴，防止狗咬伤他人。

3. 不要随意摸、碰、逗弄狗和猫，不接触陌生动物。

4. 如果遇到陌生的狗跟随，不要急于转身逃跑，而是要停下来面向它，保持一定距离，慢慢后退。狗的主人在场时，可急呼狗主人把狗召回。

5. 切勿高高站立在狗面前，或者直盯着狗的眼睛，或者试图踢打小狗，这些都容易激怒它。

6. 如果狗扑了过来，应设法抓住它的颈部，顺势向旁侧推，千万不要去抓它的尾巴，以防被它反咬。

应急处置

如果被狗或猫抓伤了，不要惊慌，要赶紧按要求进行处理。

1. 立即冲洗。如果被狗或猫抓咬，应迅速用肥皂水或清水彻底冲洗伤口至少20分钟，彻底冲洗后用2%～3%的碘酒或75%的酒精涂擦伤口消毒，不包扎、不缝合。

2. 接种疫苗。及时到政府指定的狂犬病疫苗接种门诊，医生会根据伤口判定狂犬病的暴露级别，进行规范的伤口处置并开展疫苗全程接种，伤势严重者，还需注射狂犬病免疫球蛋白。

2 不食用病死禽畜

案例直击

眼看就要中考的15岁少女小淑突然得了怪病，持续高烧、嗓子疼，看似和感冒一样的症状，却让她浑身无力，且越来越严重。家人携小淑辗转多家医院就医，多家医院对她的病束手无策，查不出病因。

小淑的病越来越严重，家人想起了小淑生病前的一个重要细节：她曾吃过一只生病的鸡。原来小淑的奶奶曾将家里一只生病的鸡杀了给家人吃。那只鸡病恹恹的，站都站不起来，也非常瘦，老人舍不得丢掉，就杀了给家人吃。小淑吃了一只鸡腿。得知这个情况后，医院马上将小淑的血样送到省疾控中心检测，两次都显示附红细胞体病阳性，终于找到病因。医生表示，感染附红细胞体病与她食用病鸡有关。

好不容易查出了病因，医院积极组织抢救，但小淑的病情已恶化，多脏器衰竭，又感染了噬血细胞综合征、败血症，最终未能挽救回来。

解惑答疑

此次悲惨事故的原因是病人食用生病的鸡。一般来说，造成动物死亡的原因有很多，有些动物感染病毒后，能够传染给人类，危害人类身体健康，有的甚至危害生命。鸡、鸭、猪等动物均能感染病菌，特别是不明原因死亡的动物，未熟透的动物肉，更易传染疾病。自己饲养的家禽或猪、牛、羊等死了，千万不要因为觉得丢掉可惜而食用。此外，如将病死动物宰杀、加工后出售，还将受到法律的惩罚。

《中国公民健康素养——基本知识与技能（2015年版）》第16条明确指出：“发现病死禽畜要报告，不加工、不食用病死禽畜，不食用野生动物。”

预防处置

预防方法

1.尽量不与病禽、病畜接触，不加工、不食用病死禽畜。

2.不吃生的或未煮熟、煮透的猪、牛、羊、鸡、鸭、兔及其他禽畜肉。

3.不吃生的或未煮熟、煮透的鱼、虾、螺、蟹、蛙等水产品。

4.接触禽畜后要洗手，发现病死禽畜要及时向畜牧部门报告。

5.按照畜牧部门的要求妥善处理病死禽畜。

应急处置

1.科学就医。身体不适时，及时就医，如果有与病死禽畜的接触史或者食用史，要如实告知医生。

2.配合医生进行各种抽样化验检查，以便医生及时找到病因，进行有针对性的治疗。

3 拒绝食用野生动物

案例直击

案例一　小唐听人说蟾蜍可以吃，加之周边也有人在抓蟾蜍卖，便起了“尝鲜”的心。某日他在家门前的田里抓了十多只蟾蜍。当天中午，小唐将蟾蜍剥皮并用油煎后做成一道菜，和妻子、母亲一起吃了。十多分钟后，吃完饭正在洗碗的小唐，跟妻子、母亲说自己的嘴突然发麻。不久，小唐便开始上吐下泻，随后小唐的妻子、母亲也开始上吐下泻。一家三口到县人民医院就诊，确诊为食物中毒。经过抢救，小唐的妻子和母亲脱离了危险，而小唐却抢救无效死亡。

案例二　陈某、倪某、顾某三人在某餐厅包厢用餐，三人点了一份河豚豆腐汤，售价870元。当晚用餐结束后，陈某出现了食物中毒症状，被送往医院救治。市场监督管理局对当事人开展调查后发现，涉事餐厅涉嫌在提供餐饮服务过程中违法提供河豚作为菜品。鉴于涉事餐厅涉嫌违法经营河豚鱼的行为造成消费者陈某食物中毒的严重危害后果，依据《中华人民共和国食品安全法》规定，该市场监督管理局对涉事餐厅处以以下行政处罚：没收违法所得870元并处罚款15万元。

解惑答疑

上述两个案例的主人公本来都是可以避免发生不幸事故的，但他们因为没有管住嘴，追求猎奇刺激，最终导致自己食物中毒，甚至死亡。野生动物是自然疫源地中病原体的“天然储藏库”。历史上许多重大的人类疾病和禽畜疾病均来源于野生动物，例如：人类的艾滋病、埃博拉病毒来自灵长类；感染牲畜的亨德拉病毒、尼巴病毒来源于狐蝠；疯牛病、口蹄疫等也与野生动物有关；鼠疫、出血热、钩端螺旋体、森林脑炎等50多种疾病来自鼠类。人们偷偷食用的野生动物大多生存环境不明、来源不明，卫生检疫部门又难以进行有效监控，在野生动物的运输、饲养、宰杀、贮存、加工和使用过程中，许多疾病的病原体乘机扩散和传播。由于病原体罕见，不少人在吃野生动物染病后，要么诊断不清，要么难以治疗，甚至稀里糊涂送了命。

根据《中国公民健康素养——基本知识与技能（2015年版）》第16条相关内容，许多疾病可以通过动物传播，如鼠疫、狂犬病、传染性非典型肺炎、高致病性禽流感、包虫病、绦虫病和囊虫病、血吸虫病等，要求人们不食用野生动物。

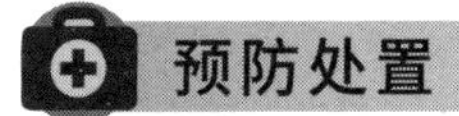

预防处置

预防方法

1. 拒绝食用野生动物，因为野生动物含有多种致病性寄生虫和微生物。

2. 不要购买和食用路边摊出售的或来路不明的禽畜食品。

3. 加强市场监管，加大对售卖野生动物行为的打击力度。

应急处置

1. 及时就医。如有野生动物接触史或者食用史，自觉不适时，应及时就医，戴好口罩，以防传染给家人和他人。

2. 配合检查。就医时应将野生动物的接触史或食用史如实告知医生，配合医生进行各种检查，以便医生及时找到病因，进行有针对性的治疗。

4 避免职业伤害

案例直击

案例一　某楼盘一业主购买了一台空调，并联系空调厂家到家里安装，厂家派了一名空调安装师傅。安装空调外机时，该师傅未采取任何安全措施便开始作业，结果在安装时不慎坠落。事发后，120赶至现场，医护人员开展施救，但坠落的空调安装师傅已失去了生命体征。

案例二　某在建工程队一名工人在使用十字螺丝刀接线过程中发生触电，120到场后确认其死亡。初步分析为接线前未断电，该工人在接线过程中触摸到十字螺丝刀的金属部分，十字螺丝刀触碰到带电导线，电流流经身体导入大地，形成触电回路，导致事故发生。

解惑答疑

这是两起本可避免的意外事故。按照国家相关规定，空调安装、维修属于特种作业，操作人员须经专业安全作业培训并考核合格，取得特种作业操作证才能上岗作业。案例一中的空调安装师傅未按规定系安全绳，不符合安全要求，导致从高处坠落身亡。案例二中的工人如果没有违规带电作业，也不会导致触电身亡。

根据《中国公民健康素养——基本知识与技能（2015年版）》第24条相关内容，劳动者必须具有自我保护意识，掌握自我防护知识和技能。劳动者要了解工作岗位和工作环境中存在的危害因素，遵守操作规程，注意个人防护，避免职业伤害，掌握个人防护用品的正确使用方法。劳动者在工作期间全程、规范使用防护用品，要熟悉常见事故的处理方法，掌握安全急救知识。一旦发生事故，能够正确应对，正确逃生、自救和互救。

预防处置

预防方法

1. 劳动者必须而且有权要求企业提供工作中有关职业性危害的接触情况和防护措施的使用情况。

2. 从事国家规定的技术工种必须经过专门培训后持证上岗。职业培训是保障安全和防患职业病的有效手段之一。

3. 严格遵守安全操作规程，遵守劳动纪律，按要求使用防护服装、用具和装置，不能因为想偷懒、嫌麻烦而简化程序，以免造成事故。

4. 接触生产性有害作业的劳动者要进行就业前体格检查和定期体格检查，及早发现禁忌证及职业病，及早进行处理。

应急处置

高空作业的应急处置方式：

1. 企业应雇请持有效期内特种作业操作证的人员，双方应签订劳动合同。

2. 作业人员应正确使用安全带、安全帽等安全防护用品。

3. 一旦发现安全隐患，企业应督促作业人员立即整改。

发生触电时的应急处置方式：

1. 如果触电者还有知觉，应自己马上尽力脱离电源或奋力跃起，离开地面。

2. 抢救者应立即切断电源，如果一时找不到开关、电闸，要立刻用干木棍、竹竿、玻璃、塑料等挑开电线，使其脱离触电者；也可用干毛巾、干衣服套住触电者的手脚，将其拉离电源。但千万不要用手或湿木棍触碰电线或触电者。

3. 将触电者抬到暖和安静的地方躺着休息，并迅速请医生诊治或送往医院救治。如果触电者心跳和呼吸微弱甚至停止，抢救者应给予胸外心脏按压和人工呼吸，在医生到来之前不要中途停止施救，不要轻易放弃抢救。

4. 如果触电者皮肤烧伤，可用干净的水冲洗，然后用干净纱布或手帕包扎，等待医护人员做进一步处理，以防感染。

5 有毒有害职业防护

案例直击

2016年1月9日17时左右，某化工有限公司的四氟对苯二甲醇车间白班操作工按照陈某手写的原料配方对3号、4号反应釜进行配投料，随后搅拌升温。操作工宋某、李某山按照陈某手写的原料配方对车间东侧9号反应釜（还原反应釜）进行备投料。20时10分，设施发生泄漏。他们三人一起撤离到车间南大门外，站了一会儿后感觉很呛，就一起回到宿舍休息。21时左右，陈某等三人又一起回到车间。车间气味较大，陈某未采取任何防护措施，独自去车间内打开二层北侧窗户，宋某则戴面罩从车间外绕到车间北侧开一层窗户通风，后与李某山一同返回宿舍。之后，东侧相邻三氮唑车间肖某、李某华，导热炉房刘某感到身体不适返回员工宿舍。21时6分，陈某外出购买罗红霉素，21时

46分，陈某回厂后与刘某、肖某、李某华四人一同服下药物。随后陈某四人身体不适症状加重，公司负责人组织有关人员将四人一起就近送往医院治疗。1月10日1时55分，陈某经抢救无效死亡，7时10分，刘某、肖某经抢救无效先后死亡，李某华经抢救脱离生命危险。

解惑答疑

这是一起令人悲伤的事故，3死1伤是多么惨痛的教训！事故完全是可以避免的。四氟对苯二甲醇在生产过程中伴有氟化氢蒸气产生，因作业人员擅自变更生产工艺，违规操作，反应釜加料盖密封不严，导致氟化氢泄漏并扩散。陈某发现有泄漏后，仅通知本车间的两名操作工撤离，并未通知相邻车间的员工。而陈某撤离后，未带防护用品就再次回到车间开窗通风，最终造成本车间和相邻车间员工中毒。氟化氢中毒有迟发性，即使当时感觉没问题，也需要住院观察。在事故发生后，员工没有及时就医，而是自行买药处理，以为自己没事。这些员工自我保护意识不足，在接触危害后没有采取合理的处置措施，未及时就医，这是最终导致死亡的重要原因。

《中国公民健康素养——基本知识与技能（2015年版）》第25条明确指出："从事有毒、有害工种的劳动者享有职业保护的权利。"用人单位必须和劳动者签订劳动合同，合同中必须告知劳动者其工作岗位可能存在的职业病危害及其后果、职业病防护措施和待遇等；必须按照设计要求配备符合要求的职业病危害防护设施和个人防护用品；必须对作业场所职业病危害的程度进行监测、评价与管理；必须按照职业健康监护标准对劳动者进行职业健康检查并建立劳动者健康监护档案；对由于工作造成的健康损害和患职业病的劳动者给予积极治疗和妥善安置，并给予工伤待遇。劳动者要知晓用法律手段保护自己应有的健康权益。

预防处置

预防方法

1. 劳动者要认真识别安全标签，并认真阅读安全技术说明书。每一种化学品的包装上都贴有安全标签，表明这种物质属于哪一类物品，是否有毒，一般还会附有安全技术说明书，详细介绍该种化学品的性能、操作注意事项、应急处理方法等。在使用化学品之前应仔细阅读安全技术说明书，按照上面的要求使用。

2. 劳动者上岗前应接受岗位培训。劳动者应熟知自己岗位存在的职业病危害，遵守安全操作规程，按要求使用防护用品，如防毒面具、面罩，防护口罩等。

3. 保持工作场所通风。要尽量使有毒物质处于密闭或者被隔离状态，不能因为正在进行工作而任由装满有毒物质的瓶口或桶口敞开。在闻到强烈气味或者感到头晕目眩时，应马上到室外呼吸新鲜空气，打开窗户通风或者开排风扇。

4.在工作过程中要尽量避免直接接触化学品，不能用化学溶剂洗手。搬运危险化学品时要格外小心，避免磕碰。没有用完的危险化学品应放到指定位置，千万不能随意丢弃。

应急处置 

1.立即撤离。当发生有毒有害气体泄漏时，自救最重要的一条就是跑，且要跑对方向（远离危险源，往上风向逃离）。

2.通知该撤离的人和救援的人员，启动应急机制。救援是专业人员的事情，如果要进入现场救援，前提是要先保护好自己。

3.及时就医。有些有毒有害气体的中毒有迟发性，如一氧化碳、氰化氢等，即使当时感觉没问题，也要住院观察。

6 预防食物中毒

案例直击

50岁的丁女士将吃了一半的西瓜放进冰箱冷藏，之后和朋友出门去旅游了。丁女士旅游两天后回家，打开冰箱觉得西瓜看上去好好的，就拿出来切开吃了两小块。没过多久，丁女士出现了发热、畏寒的症状，她想可能是因为旅游太累了，应该没有大碍，就去睡觉了。第二天起床后，丁女士觉得两眼发昏，双腿乏力，路都走不了，身体还不停地发抖，家人急忙把她送到医院检查。医生发现，丁女士到医院时已经出现了休克血压，体内的感染指标比正常值高了几千倍，这是典型的细菌感染。医生表示，这是细菌从肠道进入了血液，引发了脓毒血症、感染性休克，随时会有生命危险，需要尽快抢救。所幸经过抢救和对症治疗，丁女士的情况逐步稳定了下来。

解惑答疑

这是一起由于食物保存不当引起的食物细菌中毒事件。其实冰箱并不是保险箱，食物在冰箱中长时间贮存会变质，冰箱的低温可以让食物中的部分细菌处于休眠状态，但也有一些细菌，是喜欢在这种低温环境下生存的，比如常常出现在蔬菜、水果中的志贺菌。此案例中西瓜变质的原因可能是丁女士切西瓜的刀具或者砧板不干净，导致西瓜受污染；或者是西瓜放进冰箱前，没有严密包上保鲜膜；也可能是西瓜在冰箱里面存放的时间过长，导致细菌滋生。丁女士食用变质西瓜后导致中毒。

《中国公民健康素养——基本知识与技能（2015年版）》第32条明确指出："生、熟食品要分开存放和加工，生吃蔬菜水果要洗净，不吃变质、超过保质期的食品。"用冰箱保存食物时，也要注意生熟分开，熟食品要加盖储存。储存时间过长或者储存不当都会引起食物受污染或者变质，受污染或者变质的食品不能再食用。任何食品都有储藏期限，在冰箱里放久了也会变质。

预防处置

预防方法

1. 盛放食物的容器要专用，使用前必须用蒸汽或煮沸消毒，注意不要用金属容器盛装酸性食物，以免发生化学反应。

2. 熟食用的炊具，如刀、砧板、抹布等必须专用，做到生熟分开，严格消毒。

3. 食物现做现吃，隔顿饭菜要回锅加热煮透后再吃。

4. 冰箱不是保险箱，食品在冰箱中长时间贮存会变质。

5. 不吃腐败变质食物，四季豆、豆浆一定要煮熟后食用，不购买、食用路边摊出售的或来路不明的蘑菇。

应急处置

如果进食后不久出现腹痛、吐泻交作等症状，尤其是共同进食者也出现类似情况，应怀疑为食物中毒。食物中毒的应急处置方式有：

1. 用筷子、匙柄或手指刺激舌根及咽后壁反复催吐，催吐前可喝一些温开水，直至将胃中食物吐干净，吐后用清水漱口。

2. 吐泻好转后，可适当补充一些易于消化的食物，但不要喝浓茶、咖啡及柠檬汁、橘子汁、酸梅汤等酸性饮料，以免刺激肠胃引起再次吐泻。

3. 吐泻严重、粪便带有黏液或血及症状无缓解者，除必要的现场急救外，应及时送往医院，并及时报告卫生监督所和疾病预防控制机构。

4. 配合医生对可疑食物及吐泻物进行抽样化验，以便及时找出中毒原因，进行有针对性的治疗。

7 预防药物依赖

案例直击

高中生小张复习备考时感到压力很大，入睡困难，有时甚至连续两晚无法入睡，白天困倦，影响学业。他来到某专科医院门诊就诊，被诊断为“失眠症”，医生让他每晚服用半颗助眠药片。小张服药后起初感觉非常好，能很快入睡。两个月后，他发现每天半颗助眠药片不能解决睡眠问题，由于学习紧张没有时间就诊，他就自作主张加大了剂量。之后的两年内，他将剂量从原来的每天半颗逐渐增加到每天30余颗，断续使用，基本能保证夜间正常睡眠。虽然他白天无明显困倦，但长期以来他感觉记忆力减退，学习也明显退步，尝试减少用量就会出现恶心、失眠、焦虑等症状。为了获得足够的药物，小张常常游走于各个医院开药，或者花高价从网上购买。家长发现后，带小张来到精神卫生中心成瘾科，小张被收治入院。

解惑答疑

小张服用的药物属于镇静催眠药，使用此类药可能导致身体和精神对药物的依赖，而且依赖的风险随着药物剂量和使用时间的增加而提高。镇静催眠药是处方药，必须依据医嘱使用。小张并未遵医嘱服用，而是自行逐渐增加药量，导致了药物成瘾，停止使用就会出现戒断反应，如出现头痛、肌肉疼痛、极度焦虑和紧张、躁动、意识模糊和易激惹、失眠等症状。严重的情况下可能会发生现实感丧失，人格解体，听觉过敏，肢体麻木和麻刺感，对光、声音和身体接触过敏，幻觉或癫痫发作。

《中国公民健康素养——基本知识与技能（2015年版）》第38条明确指出："遵医嘱使用镇静催眠药和镇痛药等成瘾性药物，预防药物依赖。"不合理地长期、大量使用可导致药物依赖。药物依赖会损害健康，严重时会改变人的心境、情绪、意识和行为，引起人格改变和各种精神障碍，甚至出现急性中毒乃至死亡。出现药物依赖后，应去综合医院精神科或精神专科医院接受相应治疗。

预防处置

预防方法

1. 谨慎用药。一般短暂性或临时性失眠不一定需要吃药，重要的是尽快找出失眠原因，来取对应的办法。例如营造适宜的睡眠环境、改变不健康的生活习惯等。

2. 及时就医。因为镇静催眠药和镇痛药的品种较多，各有特点，应该由医生来选择品种和剂量。患者应在医生的指导下，按规定的疗程、剂量服用。

3. 不可突然停药。长期使用镇静催眠药和镇痛药的患者必须在医生的指导下，缓慢减量直至停药，不能突然停用。

4. 定期复查，减少不良反应。

应急处置

1. 减少依赖药的服用剂量。应当逐渐减量，使身体逐步适应，切忌大幅度削减用量或完全停用，否则身体会由于无法耐受而出现戒断症状，造成一定的危险。

2. 各类心理障碍和神经症患者，针对自己的焦虑或失眠等症状，不可一味地依赖药物，而应设法去除病因。进行心理疏导、调节生活方式、进行体育锻炼、进行物理治疗等均大有益处。

3. 药物依赖严重者很难自行戒除，应住院并在医生指导下积极治疗，争取早日戒除。

8 拒绝毒品

案例直击

在旁人眼里，小雪是一个听话的乖乖女，学习成绩也不错。进入初中后，她选择了住校。同寝室的八个女孩一起上课，一起吃饭，一起回寝室，成了无话不谈的好姐妹。

有一次，同寝室的一名女孩逃学，与社会上的“朋友”去了KTV唱歌，接着又出去吃夜宵。这名女孩初次接触社会倍感新鲜，回到寝室，将自己的开心经历告诉小雪等室友，大家羡慕不已。不久，这名女孩将小雪等室友也带到外面一起玩，几人从此一发不可收拾，甚至旷课、逃学出去玩。自从接触了这些“朋友”，小雪的学习成绩越来越差。

小雪记得，有一次在“朋友”家里看电视，对方拿出了麻古壶和麻古，通过烫吸的方式吸食毒品。她说，这是她第一次见到毒品，当时并不知道是毒品。“尝尝！没事，好玩！”在“朋友”的邀请下，14岁的小雪初次沾染毒品。不久，初中毕业的她和朋友再次吸食毒品时，被公安机关抓获。因为她当时未成年，警方未对她执行拘留处罚，责令其父母带回家严加管教。

随后，小雪的父母将小雪送到外地上了三年中专，这三年里小雪未沾染毒品。小雪毕业后回到家乡，遇到了初中同寝室的小伙伴，大家聚会时，她再次在“朋友”的邀约下吸了毒。此后，每逢闺蜜聚会，她们都会吸食冰毒、麻古。时隔七年，小雪因为吸毒再次落网，被关进市拘留所。

解惑答疑

上述案例中的小雪，在最美好的青春年华，由于交友不慎，初次接触毒品，从此走上了吸食毒品之路。毒品有很强的成瘾性，无论是在生理上还是在心理上都易上瘾，但是终归能通过一些医疗手段减轻毒瘾带来的痛苦，避免复吸。然而一旦戒毒者回到熟悉的圈子，这一切都可能会前功尽弃，导致复吸。案例中的小雪，就是由于回到毒品圈子，开始了复吸之路，最终被拘留。如果打算戒毒，首先就要断绝毒品圈子，不然就算通过各种手段戒毒成功，回到熟悉的环境，复吸就是必然的，想要免受毒品祸害，请牢记“勿沾毒品，远离毒友圈”。

根据《中国公民健康素养——基本知识与技能（2015年版）》第38条相关内容，任何毒品都具有成瘾性。毒品成瘾是一种具有高复发性的慢性脑疾病，其特点是对毒品产生一种强烈的心理渴求和强迫性、冲动性、不顾后果的用药行为。吸毒非常容易成瘾，任何人使用毒品都可导致成瘾，不要有侥幸心理，永远不要尝试毒品。毒品严重危害健康。吸毒危害自己、危害家庭、危害社会、触犯法律。一旦成瘾，应进行戒毒治疗。

预防处置

预防方法

1. 树立正确的人生观，不盲目追求享受，寻求刺激，赶时髦。

2. 不听信毒品能治病、毒品能解脱烦恼和痛苦、毒品能给人带来快乐等各种花言巧语。

3. 不结交有吸毒、贩毒行为的人。如果发现亲朋好友吸毒、贩毒，一要劝阻，二要远离，三要报告公安机关。

4. 不要进入治安复杂的场所。进歌舞厅要谨慎，决不吸食摇头丸、K粉等兴奋剂（毒品）。

5.有警觉戒备意识，对诱惑提高警惕，采取坚决拒绝的态度，不轻信谎言。例如不轻易和陌生人搭讪，不接受陌生人提供的香烟和饮料；出入娱乐场所，离开座位时最好有人看守饮料、食物等。

应急处置

1.如果不慎喝了被人下了毒品的饮料，要及时采取自救措施，建议通过大量喝水、催吐等方式来缓解症状。

2.及时拨打110报警电话报警，通知家人和可信赖的朋友。

3.及时到医院接受治疗。

9 合理安全用药

案例直击

梅女士出现发热头痛等感冒症状。于是，她自行购药并按照说明书，每天服用4片含有对乙酰氨基酚成分的感冒药，连续服用了9天。

梅女士随后被送往市公共卫生临床中心抢救。该院重症肝病科主任说，梅女士被送到医院时，已出现了神志恍惚、意识模糊的症状，当时情况极其危急。检查发现，梅女士体内的谷丙转氨酶数值为17000+u/L，远远高于正常值（0~40u/L），说明她的整个肝脏都处于坏死状态。另一个重要指标凝血酶原时间的正常区间为11～13秒，而梅女士的凝血酶原时间为31.8秒。经过医生的全力抢救，梅女士终于转危为安，其肝功能各项指标也逐渐趋于正常。

梅女士说，自己发烧时吃的是可缓解高热症状的药物，不发烧时吃的是感冒药。这些药都很常见，梅女士也觉得自己是在对症下药。谁知道她自行服用这些药后，不仅没治好感冒，反而引发了暴发性肝衰竭，出现昏迷，命悬一线。

解惑答疑

上述案例中的梅女士吃的感冒药的主要成分是对乙酰氨基酚，这是一种解热镇痛的药物，具有一定的毒性，随着服用剂量的增加，会对肝脏产生损害。国家食品药品监督管理总局规定，每天服用的药物中，对乙酰氨基酚的含量不得超过2000毫克，疗程不得超过3天。同时服药时应注意不混用感冒药，否则易造成对乙酰氨基酚过量。如果患者有肝脏基础性疾病，如肝炎、肝功能异常等，就更容易危及健康。

根据《中国公民健康素养——基本知识与技能（2015年版）》第47条相关内容，合理用药是指安全、有效、经济地使用药物。用药要遵循能不用就不用，能少用就不多用，能口服不肌注，能肌注不输液的原则。抗生素是处方药，所有抗生素在抗感染的同时都有不同程度的不良反应甚至毒性反应。患者必须在医生的指导下规范、合理使用抗生素。

预防处置

预防方法

1. 合理用药是指安全、有效、经济地使用药物，不合理用药会影响健康，甚至危及生命。

2. 遵照医嘱服药是最科学、最正确的用药态度。在医生的指导下用药，保证用药安全。

3. 购买药品要到合法的医疗机构和药店，注意区分处方药和非处方药，购买处方药必须凭执业医师处方购买。

4. 要仔细阅读药品说明书，特别要注意药物的禁忌、慎用、注意事项、不良反应和药物间的相互作用等事项，如有疑问要及时咨询药师或医生。

5. 处方药要严格遵医嘱，切勿擅自使用。特别是抗生素和激素类药物，不能自行调整用量或停用。

6. 任何药物都有不良反应，非处方药长期、大量使用也会导致不良后果。用药过程中如有不适要及时咨询医生或药师。

应急处置

1. 如果发现吃错药，应立即停止服用药物，并根据服用药物类型进行不同的处理。

2. 如误服维生素、钙片、保健品等，可大量饮水，使大部分维生素、钙片、保健品等从尿中排出。如自觉有不良反应，应及时到医院进行积极治疗。

3. 如误服强酸强碱或腐蚀性药物，可采取喝生鸡蛋清、牛奶等保护胃黏膜，并及时就医。

4. 如误服降糖药，要警惕低血糖，及时补充糖分；误服降压药，要警惕低血压，适当补充淡盐水，必要时就医。

10 远离道路交通伤害

案例直击

某日下班高峰时深圳龙华区某路段发生一起小客车与两辆电动车碰撞的事故。肇事小客车驾驶员说，在驾车行经人行横道时，由于穿了皮凉鞋，鞋子被卡住，导致未能成功踩刹车制动，撞上了电动车。事发时，其中一名电动车骑行者未佩戴安全头盔，头部着地后受到撞击，经120现场抢救无效死亡；另一名电动车骑行者因佩戴了安全头盔，只受轻伤。

解惑答疑

上述案例中的两名电动车骑行者，由于采取了不同的自我防护措施，导致了不同的结局。由于电动车的特殊结构，车辆受到撞击时，骑行者受伤最严重的部位是头部，因头部处于最高和最突出的位置，骑行者头部往往最先着地。撞击车辆以及其他物体时，头部是人体最脆弱也最容易受到致命伤害的部位，安全头盔的半球形形状，可使冲击力分散并吸收冲击力。因为安全头盔有护垫，即使发生变形或产生裂纹，也能起到缓冲作用，分散一部分冲击力。根据交警部门的统计，在电动车交通事故中，不戴安全头盔的致死率远远高于其他因素；同时，要正确佩戴安全头盔，才能起到保护作用。上述案例中肇事小客车驾驶员穿着皮凉鞋，违反了相关驾驶规定，也提示我们需要重视交通规则。

《中国公民健康素养——基本知识与技能（2015年版）》第48条明确指出："戴头盔、系安全带，不超速、不酒驾、不疲劳驾驶，减少道路交通伤害。"每个人都应对自己和他人的生命与健康负责，重视道路交通安全，严格遵守交通法规，避免交通伤害的发生。

预防处置

预防方法

1. 遵守交通法规，过马路时要走人行横道、人行过街天桥或地道。穿越十字路口时，注意交通信号，做到"红灯停、绿灯行、黄灯等"。

2. 骑自行车、电动车、摩托车时，不超员超载，所有人员正确佩戴安全头盔。

3. 驾车时应注意驾驶安全，上车后系好安全带，不超速、不酒驾、不疲劳驾驶，开车时不接打电话。

4. 养成良好的乘车习惯，乘坐飞机、火车、客车、出租车时，上车后系好安全带；乘坐公共汽车、地铁要在站台依次候车，上车后坐稳扶好；车辆行驶过程中不要将头、手伸出窗外，不要向车外抛扔物品。

5. 乘车时，不要怀抱孩子坐副驾驶座，也不要让孩子独自坐副驾驶座。应让孩子坐在后排位置，并使用安全座椅。

应急处置

1. 驾车时若发生事故，应立即停车，拉好手刹，开启危险报警闪光灯。在高速公路上还须在车后一定距离按规定摆放危险警告标志。

2. 抢救伤员时，要先确认受伤者的伤情，尽最大努力抢救，设法将受伤者送往就近医院抢救治疗。如果伤情严重，立即拨打120急救电话求援。

3. 及时报警，在交警来到之前不能离开事故现场，向保险公司报告出险。

4. 保护好事故现场，避免遭受人为或自然破坏，或出现再次伤害事故。

5. 妥善保管现场车辆、散落物品及被害人钱财，注意防盗防抢、防火防爆。

6. 在交警勘查现场和调查取证时，积极协助，如实陈述交通事故发生经过。

11 预防溺水事故

案例直击

暑假来临，两个少年在海边游玩时不慎溺水，一个17岁，另一个仅14岁。接到报警后，公安、消防、120急救、民间救援队立即赶往现场展开救援。在现场的一个小男孩说，溺水的两个人都是他的同伴，他们都住在附近。下午两点多，他们一行四人结伴来到海边游玩，他自己在岸上玩，另外三个人则在海中玩耍。没过多久，意外突然发生了。其中一个人在海中不慎跌倒，另外两人发现后上去施救，结果原本跌倒的那个人和一个施救的人都发生了溺水。“没多久，我的两个同伴就消失在了海中。只有一个人游上来了，幸存的这个人也差点游不上来。”这个小男孩说。事发的这片海域，周边设置了不少“禁止游泳”的警示牌，其中一块警示牌上还写着“前方施工区淤泥深陷，非施工人员严禁进入”，但还是不时有人带着小孩在附近玩耍。晚上，救援队潜水小组将两个溺水少年打捞上岸，经现场120急救人员确认，两人已经没有生命迹象。

解惑答疑

案例中的事故发生的主要原因有：第一，在危险区域游泳。第二，没有大人陪伴、看管。第三，错误的施救方式导致更多人溺水。溺水是指呼吸道淹没或浸泡于液体中，产生呼吸道等损伤的过程。人只要溺水2分钟，便会失去意识，4～6分钟后神经系统便遭受不可逆的损伤。

《中国公民健康素养——基本知识与技能（2015年版）》第49条指出：“加强看护和教育，避免儿童接近危险水域，预防溺水。”溺水在我国儿童意外伤害死亡原因中排第一位，务必要加强对儿童的看护和监管。儿童不要在天然水域游泳，下雨时不要在室外游泳。儿童游泳要有成人带领或有组织地进行，儿童不要单独下水。

预防处置

预防方法

1.避免接近危险水域。不在天然水域游泳，下雨时不在室外游泳。

2.游泳期间避免危险行为。下水前认真做好热身活动，水中活动时，要避免打闹、跳水等危险行为。

3.到正规场所游泳。正规泳池应配有专职救生员，并为儿童配备合格的漂浮设备。

4.加强看护。对于低龄儿童，家长要重点看护，不让儿童单独下水。不能将儿童单独留在卫生间、浴室、开放的水源边。家中的储水容器要及时排空或加盖。

应急处置

1.水上自救。如果不习水性，应迅速把头向后仰，口向上，尽量使口鼻露出水面，不能将手上举或挣扎。及时甩掉鞋子和口袋里的重物，但不要脱掉衣服，因为衣服会产生一定的浮力。假如周围有木板，应抓住，借助木板的浮力使自己的身体尽量往上浮。

2.水上救人。发现有人落水时，首先应大声呼救，寻求周边大人的帮助，并拨打120急救电话，切勿盲目下水施救。可将竹竿递给落水者，递竹竿时要趴在地上，降低重心，确保自身安全，以免被拖入水中。如果现场能找到泡沫块、救生圈、木块等漂浮物，可以抛给落水者，避免落水者沉入水中。若现场无竹竿、漂浮物等，可脱下衣服连接在一起当绳子，抛给落水者，此时切记要趴在地上，确保自身安全。

3. 岸上急救方法。检查溺水者是否有呼吸与心跳，清除溺水者口中的淤泥与杂草等；如果溺水者没有呼吸与心跳，需采取人工呼吸和胸外按压的方法；如果溺水者有呼吸心跳，让溺水者侧身，便于呕吐，及时清除呕吐物。

12 预防煤气中毒

案例直击

一个周末晚上，某市区街道发生一起惨剧，一对夫妻在洗澡时发生煤气中毒，不幸双双身亡，两个年幼的女儿成了孤儿。邻居甘先生说，事发时他正在家中看电视，突然听到门外传来孩子的哭声。甘先生开门发现曾先生三岁多的大女儿正哭着找爸爸妈妈，随后甘先生和房东一起进入房间查看。此时，曾先生一岁多的小女儿正在床上睡觉，但曾先生夫妇却不见踪影，卫生间内传来“哗哗”的流水声。甘先生和房东打开卫生间门一看，发现曾先生夫妇倒在地上不省人事，马上拨打120急救电话求救。后经医护人员证实，两人均已身亡。甘先生说，楼内多户居民都使用直排式热水器，此次惨剧应该与此有关。另一个邻居蔡先生说，因为直排式热水器便宜，买个二手的不过

100元，很受工资不高的打工族欢迎。“我们也听过相关报道，说这种热水器不安全，所以洗澡时一般都会开窗户，以为这样就没有危险了。”蔡先生说，此次事故给大家敲响了警钟，现在想起来也觉得后怕。

解惑答疑

此次悲惨事故是由于死者不规范使用直排式热水器而造成的一氧化碳中毒致死。当家用燃气热水器运转时，需要消耗空气中大量的氧气，燃气正常燃烧情况下排出的烟气主要是二氧化碳和水。但当氧气量不足时，燃气不能完全燃烧，就会产生有毒的一氧化碳气体，如果通风不畅极易发生一氧化碳中毒。当前，国家已经明令禁止使用直排式热水器。

《中国公民健康素养——基本知识与技能（2015年版）》第50条明确指出：“冬季取暖注意通风，谨防煤气中毒。”冬季使用煤炉、煤气炉或液化气炉取暖，由于通风不良，供氧不充分或气体泄漏，可引起大量一氧化碳在室内蓄积，造成人员中毒。煤气中毒后，轻者感到头晕、头痛、四肢无力、恶心、呕吐；重者可出现昏迷、体温降低、呼吸短促、皮肤青紫、大小便失禁等症状，抢救不及时会危及生命。

预防处置

预防方法

1. 不要使用直排式热水器。

2. 要尽量避免在室内使用炭火盆取暖。

3. 使用炉灶取暖时，要安装风斗或烟筒，定期清理烟筒，保持烟道通畅。

4. 使用液化气时，要注意通风换气，经常查看煤气、液化气管道、阀门，如有泄漏应及时请专业人员维修。

5. 在煤气、液化气灶上烧水、做饭时，要防止水溢火灭导致的煤气泄漏。

应急处置

1. 关阀门。如发生煤气泄漏，应立即关闭阀门，避免煤气继续泄漏。

2. 开门窗。如发生煤气泄漏，要尽快打开门窗，使室内空气流通，降低室内煤气浓度。

3. 移患者。发现有人煤气中毒，应立即把中毒者移到室外通风处，解开衣领，保持呼吸顺畅。

4. 送医院。对于中毒严重者，应立即呼叫救护车，送往医院抢救。要注意千万不能在煤气泄漏的现场拨打电话。

13 预防酒精中毒

案例直击

小林约梁某、温某一起吃饭，其间，三人都喝了酒。在喝完一瓶洋酒后，小林不听劝告，到前台拿了三瓶白酒，三人继续喝。最后小林醉得不省人事，被送至医院救治。次日早上6时，小林在医院急诊室内昏迷不醒，医生对其进行抢救，诊断为急性酒精中毒。同日，小林被送到上一级医院住院治疗，十多天后，小林因病情危重救治无效死亡。

解惑答疑

酗酒这一不当行为应当引起人们的重视。此次悲惨事故是由于小林没有理性地看待自己的身体状况及酒量，饮酒过量，导致酒精中毒，最终造成死亡。急性酒精中毒多见于一次饮酒过多，即酗酒。一般情况下，酒精中毒与饮酒量多少、酒精浓度、饮酒速度以及是否空腹等因素有关，同时也与饮酒者的个体差异有关，常饮酒的人对酒精的耐受剂量可能大一些，有些人耐受能力则相对较低。

《中国公民健康素养——基本知识与技能（2015年版）》第37条明确指出："少饮酒，不酗酒。"经常过量饮酒，会使食欲下降，食物摄入量减少，从而导致多种营养素缺乏、急慢性酒精中毒、酒精性脂肪肝等，严重时还会造成酒精性肝硬化。过量饮酒还会增加患高血压、脑卒中（中风）等疾病的风险，并可导致交通事故及暴力事件的增加。

预防处置

预防方法

1. 不酗酒。成年男性一天饮用酒的酒精量不超过25克，成年女性不超过15克。

2. 不劝酒、斗酒。不能有强迫性劝酒、斗酒等行为，不宜在明知对方身体不好或其他原因不能饮酒时劝酒。

3. 不要空腹饮酒。空腹时酒精吸收快。在喝酒之前，先食用油质食物，如肥肉、蹄髈或饮用牛奶，利用食物中脂肪不易消化的特性来保护胃部，以防止酒精渗透胃壁。

应急处置

1．轻、中度醉酒。酒精中毒的急救视中毒程度而定，轻、中度醉酒者不必做特殊处理，让其卧床休息并保温，多饮浓茶或咖啡，促进醒酒，有呕吐时注意防止误吸而引起吸入性肺炎。

2．急性酒精中毒或工业酒精中毒。急性酒精中毒或喝假酒导致的工业酒精中毒必须送往医院处理。中毒后尚清醒的应迅速催吐（用筷子或直接用手指刺激会厌部）。

14 会识别危险标识

案例直击

某日中午，张某夫妇在朋友的带领下，来到了一个私人鱼塘边钓鱼。13时30分左右，张某挥鱼竿时碰到了附近的10千伏高压电线，因为鱼竿是碳质材料，会导电，张某触电后倒进了鱼塘里。家人和朋友将其捞上来后立即送往附近的医院抢救，但最终张某因病情危重抢救无效死亡。

事发后，当地派出所所长对现场进行了勘察。该所长说："我们对现场进行了测量，高压电线离地面的距离是4.38米，初步认定死者是因鱼竿碰到高压电线后触电死亡。"后经医院诊断，张某的死亡原因确为电击。

解惑答疑

上述案例中张某因挥鱼竿时碰到了10千伏高压电线而死亡。垂钓之前如果张某及其朋友有查看安全标识的意识，认真检查周围环境，看看是否有“高压”或“禁止垂钓”等安全标识，远离危险区域，这个惨剧是可以避免的。

《中国公民健康素养——基本知识与技能（2015年版）》第57条指出：“会识别常见的危险标识，如高压、易燃、易爆、剧毒、放射性、生物安全等，远离危险物。”危险标识由安全色、几何图形和图形符号构成，用以表达特定的危险信息，提示人们周围环境中有相关危险因素存在。但要注意，危险标识本身不能消除任何危险，也不能取代预防事故的相应设施。如果发现周围环境有危险标识，公民应自觉主动做好保护措施，远离危险，确保自身和家人、朋友的安全。

预防处置

预防方法

1. 要认识常见的危险标识图，明白其中的含义。

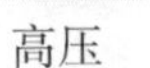

高压　易燃　易爆　剧毒　放射性　生物安全

2. 远离危险区域。

应急处置

1. 如果发现有人触电，不能直接接触触电者，要先切断电源，或者用木棒等绝缘物体使触电者脱离触电点；脱离危险环境后对触电者进行施救，例如采用人工呼吸或胸外按压等措施。

2. 易燃物品燃烧后要按火灾逃生自救办法逃生，要及时拨打119消防报警电话。

3. 在易爆区发生爆炸后，要迅速判断自己所处的区域情况，如因爆炸引起火灾，要按火灾逃生自救办法逃生。

4. 剧毒物品中毒后的应急处理：如发生气体中毒，应马上打开窗户通风，迅速转移到空气新鲜的地方；如接触性毒害物品主要是强酸强碱类化学物品，用水施救时要特别谨慎，否则容易扩大受损面积。

5. 放射辐射的应急处理。抢险人员必须穿全身防辐射服，佩戴呼吸保护器，可采用铅容器、重质钢筋混凝土壁对辐射源进行严密屏蔽。如无防辐射措施，切不可贸然处理，一定要等待专业技术人员进行处理。

6. 生物安全事件发生后，应避免或减少感染或潜在感染性生物因子对环境和公众造成危害。

15 正确使用安全套

案例直击

美国疾病控制与预防中心（CDC）发布警告称，美国至今已有1.1亿例性传播疾病，创历史之最，且每年还在以约2000万例的速度增加。CDC估计，每年约2000万新增病例中，有一半患者年龄在15至24岁之间。值得警惕的是，2014年确诊为梅毒的患者中，超过一半男同性恋和双性恋男子也感染了艾滋病病毒。鉴于尚有很多病例未确诊或没有报告，CDC估计其所收集的年度数据很可能只是一小部分。

解惑答疑

性病产生的后果非常严重，对生殖健康会产生终生危害，包括盆腔炎、不孕不育。然而，感染淋病和衣原体的人刚开始身体不会有任何症状，因此，预防性病感染至关重要。同时，我们也应当关注各群体对性病的知晓情况，引导各群体树立正确的性观念，预防性病感染的发生。

《中国公民健康素养——基本知识与技能（2015年版）》第59条明确指出："会正确使用安全套，减少感染艾滋病、性病的危险，防止意外怀孕。"安全套可提供一层物理屏障，不仅可以达到避孕的目的，还可以避免直接接触性伴的体液或血液，可有效降低艾滋病、乙型肝炎等性传播疾病的危险性。如不正确使用或不坚持使用安全套会大大降低其预防效果。正确使用安全套，一方面，可以避免接触感染病原体的体液，减少感染艾滋病、乙肝和大多数性传播疾病的风险；另一方面，可以阻断精子与卵子的结合，防止意外怀孕。

预防处置

预防方法

1. 使用合格的安全套。市民购买安全套，要注意查看其质量标准。一看外包装材质及工艺，二看包装标识文字、图案、说明书，三看医疗器械注册证号，四看医疗器械生产许可证号，五看商品条形码。

2. 正确使用安全套。一是要检查安全套的有效期与质量；二是打开包装时应避免尖锐物将安全套刺破，使用前检查安全套是否完好无损；三是在双方生殖器接触前将安全套戴上；四是在性行为全过程中都使用安全套，性行为结束后再将安全套小心取下，扎好口，用卫生纸包好，丢到垃圾桶，不能乱扔。

应急处置

如果性生活过程中没有使用安全套，或性生活过程中安全套破裂、脱落，要采取紧急避孕措施。怀疑感染性病、艾滋病等疾病时要及时就医，定期体检。

16 安全存放有毒物品

案例直击

余婆婆发现3岁的孙子轩轩手里捏着一个瓶子，正在往嘴里倒里面的液体。她仔细一瞧，瓶子里装的竟是蚊香液。余婆婆赶紧阻拦并叫来儿子丁先生。丁先生试着给孩子催吐，但没有成功，于是他马上将孩子送到医院救治。

轩轩被送到医院时，出现了呼吸不畅、抽搐、血压极速下降等中毒症状。心电监测发现轩轩的心率高达每分钟200次，血压偏低。急诊科医护人员赶紧给孩子洗胃，并进行了补液、利尿等一系列促进体内药物排泄的紧急处理措施。经过两个多小时的抢救，轩轩才暂时脱离了生命危险，之后住院治疗一周后才痊愈出院。

原来装蚊香液的瓶子和轩轩平时喝的饮料瓶大小差不

多，那天丁先生把用了一半的蚊香液顺手放在轩轩的玩具箱里，轩轩以为是饮料而误服。

解惑答疑

此次事件中家长对蚊香液保管不严，存放位置不当，导致儿童误服，出现急性菊酯中毒。所幸这起事故处理及时，家长及时将孩子送往医院，医护人员采取的紧急措施对治疗起到了非常重要的作用，最终小孩转危为安。

农药、杀虫剂等如需存放在家中，应该用合适的容器妥善存放密封，并做好标记。有毒物品不能与粮油、蔬菜等食物同室存放。特别要防止小孩接触，以免发生误服中毒事故。已失效的农药或过期的废弃化学试剂需妥善处理或联系专业部门处置，不可乱丢乱放，污染食物、水源。

预防处置

预防方法

1. 将所有的农药等有毒物品存放在儿童接触不到的地方。

2. 家中存放的农药、杀虫剂等有毒物品，应当分别妥善存放于橱柜或容器中，最好放在高处专柜并加锁。

3.将农药等有毒物品放置在其原包装容器中，将容器的盖子盖好，并把外面的箱子关好；不能存放在既往装食物或饮料的瓶子、杯子和其他容器中。

4.已失效的农药、药品等不可乱丢乱放，防止误服或污染食物、水源。

5.有毒物品不能与粮油、蔬菜等堆放在一起，不能将农药等有毒物品放置在地上或厨房的水槽之下，不保存不需要的农药等有毒物品或空的容器，以免发生误服中毒事故。

应急处置

1.对误服农药中毒者，如果患者清醒，要立即设法催吐。经皮肤中毒者要立即冲洗污染处皮肤。经呼吸道中毒者，要尽快脱离引起中毒的环境。中毒较重者要立即送往医院抢救。

2.不要自行给孩子喂水催吐，随意催吐会引起呛咳，使有毒液体进入支气管和肺部；如果遇到强酸强碱物质，喝水会加重灼伤，引发食道和胃出血、穿孔、休克等。

17 紧急医疗救助

案例直击

正在单位加班的市民潘先生突然接到噩耗，说他的妻子梁女士在医院去世了。他简直不敢相信，因为他平时从未听妻子说起身体有任何不适。送潘先生妻子去医院的是他妻子的初中同学陈某。经警方调查，事发当晚，梁女士与陈某及其他同学在一起聚会。聚会后，陈某送梁女士回家，路上梁女士说自己不舒服。梁女士到家后不适加重并晕倒。梁女士晕倒后，陈某没有立即拨打120急救电话，而是先后打了两个电话给朋友求助，拖延了26分钟后才拨打120急救电话，最终梁女士不治身亡。尸检结果显示梁女士死因为冠状动脉粥样硬化心脏病发作致急性心力衰竭。参与急救的医生称，这种病发起来凶险，严重情况下可能5~10分钟之后就没有生存机会。

解惑答疑

本案例中，虽然梁女士的具体发病时间无法查明，但可以确定的是在陈某给朋友打电话时，梁女士已出现严重不适症状。陈某缺乏专业的急救知识，按照日常生活经验，在梁女士出现严重不适症状时陈某应及时拨打120急救电话，向有急救能力和急救设备的专业机构求助。可陈某却拖延了26分钟后才拨打120急救电话，这种迟延的不当救助方式，延误了梁女士的抢救时间，导致梁女士无法在最短时间内被送到医院就医，最终不治身亡。

《中国公民健康素养——基本知识与技能（2015年版）》第61条明确指出："寻求紧急医疗救助时拨打120，寻求健康咨询服务时拨打12320。"

预防处置

预防方法

牢记需要紧急医疗救助时，拨打120急救电话求助。

应急处置

1. 正确拨打电话。尽快拨打120急救电话，电话接通后要准确报告病人所在的详细地址、主要病情，以便救护人员做好救治准备。

2.进行救治。必要时，呼救者可通过电话接受医生指导，为病人进行紧急救治。通话结束后，应保持电话畅通，方便救护人员与呼救者联系。

3.争取抢救时间。在保证有人看护病人的情况下，最好安排人员在住宅门口、交叉路口、显著地标处等候并引导救护车的出入，为病人争取抢救时间。

18 学会处理创伤出血

案例直击

某日中午，两个年轻人搀着一个小伙子急急忙忙来到了某医院急诊室。小伙子左胳膊上捂着的衣服已被血水浸湿，搀扶的人手上也全是血。

医生拿开衣服后，发现小伙子肘关节上方10厘米处有一道约1厘米长的伤口，出血很厉害。由于出血严重，小伙子出现了烦躁、口渴等症状，这是休克的早期症状，医生判断已伤及动脉。

医护人员赶紧为他包扎，并输血抢救。好在小伙子体质不错，恢复得很快。经询问，原来小伙子的胳膊被朋友不慎用刀弄伤后，身边的人不懂得如何及时处理，导致短短20分钟内大量失血，差点危及性命。

解惑答疑

人体血管分三种：动脉血管、静脉血管、毛细血管。毛细血管破损是有自愈功能的，而静脉血管和动脉血管破裂就很危险，尤其是动脉血管破裂最危险。静脉血管破裂，血会缓缓流出；而动脉血管破裂，则是喷射式出血，若止血不及时或止血不当，只需十几分钟，人体内的血液就会流光，出现生命危险。这个案例中，小伙子已经伤及动脉，但由于身边的人不会处理，导致大量出血，险些酿成大祸。

《中国公民健康素养——基本知识与技能（2015年版）》第62条明确指出："发生创伤出血量较多时，应立即止血、包扎"。

预防处置

预防方法

1. 加强锻炼，提高身体素质，预防运动伤害。

2. 多学习安全知识，避免危险行为，预防意外伤害。

3. 加强看护，进行安全教育，预防儿童伤害。

4. 优化安全设计，加强重点区域、危险区域的防护，如围栏、扶手等。

应急处置

1. 止血。受伤出血时，应立即止血，以免出血过多损害健康甚至危及生命。小的伤口只需简单包扎即可；出血较多时，如果伤口没有异物，应立即采取直接压迫止血法止血。如果伤口有异物，异物较小时，要先将异物取出；异物较大、较深时，暂时不要将异物拔出，在止血的同时固定异物，再送医院处理。帮助伤者处理出血伤口时，护理人员自己先要做好个人防护，尽量避免直接接触伤者血液。

2. 清洗伤口。如果伤口粘有沙子或灰尘等污染物，早期及时处理污染伤口能够减少后期感染的发生。冲洗伤口时，最优的选择是生理盐水，如果没有，瓶装水、冷开水、缓和流出的冷水都可以，冲洗后，用消毒纱布压一压伤口，吸干水分。

3. 消毒包扎。清洗伤口后，如果伤口情况复杂，建议去医院处理；如果是小伤口，可以选择在家消毒处理。对于儿童，消毒剂首选氯己定，但是更推荐易购且性价比高的碘附，相对于酒精，碘附对皮肤刺激性小一些。消毒完毕，可根据伤口的具体情况贴上创可贴，或者用消毒纱布覆盖包扎。

4. 如果是比较严重的创伤，应在止血的同时拨打120急救电话请求紧急医疗援助。

19 骨折应急处理

案例直击

某地一名采摘杨梅的男子不小心从山顶上摔下，受伤后无法动弹。接到报警后，当地公安、消防、医疗等部门迅速派人赶赴现场。历经十多分钟的寻找，救援人员终于在一处半山坡树丛中找到了受伤男子。当时，该男子身体不能动弹，还不时叫痛。结合现场情况看，该男子应该是从大约二十米的高度摔在半山坡。现场医护人员为该男子查看伤势，确认他的腰部和腿部有部分骨折，并对其进行简单包扎。紧接着，救援人员协同医护人员将其身体固定，再小心翼翼地抬上救援担架。遇到陡峭的山坡，救援人员就抬着担架一点一点地移动，并用身体保护着该男子，确保不会造成二次伤害，之后抬上救护车送往医院接受治疗。

解惑答疑

本案例中，该男子从大约二十米的高度摔下，身体不能动弹，医护人员判断他的腰部和腿部有部分骨折，因此先对伤处进行简单包扎，然后将其身体固定，再小心翼翼地抬上担架。

《中国公民健康素养——基本知识与技能（2015年版）》第62条明确指出："对怀疑骨折的伤员不要轻易搬动"。如果确实需要搬动的，最好能借助木板、木棍等工具固定骨折上下端，再送往医院治疗。

预防处置

预防方法

1. 注意安全，避免外力对身体部位的直接打击，如日常生活中的碰撞、交通事故等。

2. 采取防护措施，避免从高空坠落，如爬树、登高时应做好防护措施。

3. 注意休息及保暖，避免疲劳引起骨折。

4. 注意营养，适当补钙，避免骨质疏松引起病理性骨折。

应急处置

1. 多观察。观察伤者全身情况，如有休克症状应立即拨打120

急救电话，并注意保暖，如颅脑损伤合并昏迷，应该保持呼吸道通畅。

2. 勿搬动。如果没有受过专业培训，避免搬运伤者。如果确实需要搬动，应先做好固定。

3. 分类处理。如果伤在胳膊，可以用大毛巾叠成三角形，把胳膊固定在胸前的位置，然后马上送往医院。如果伤在下肢，最好等待救护车的到来。如果情况紧急，需要自行送往医院，要先把骨折的腿和没有骨折的腿绑在一起，减少肢体被动活动概率。如果脊柱骨折，千万不能随意搬动，把病人留在原地，等待救护人员。因为一旦搬动不当，损伤了脊髓神经，很可能会造成终生瘫痪。

特别要注意的是，无论什么类型的骨折，都不要去活动患者的骨折部位，患者也不能乱动，否则会造成血管和神经损伤。

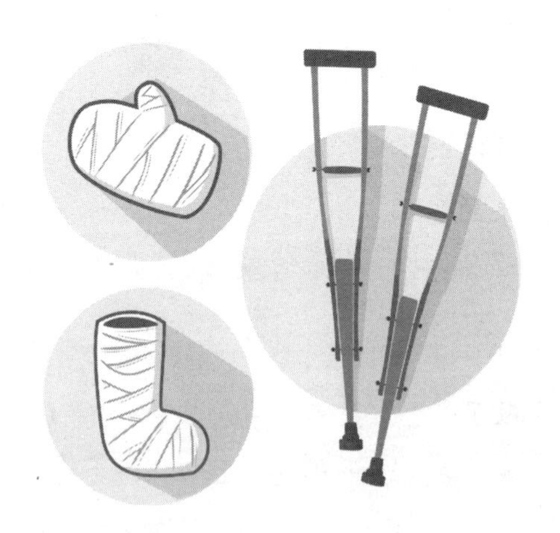

20 心肺复苏要学会

案例直击

除夕晚上，某市急救中心调度指挥科接到一个求救电话，说有一名60岁的男子突然倒地失去意识需要急救。当晚情况十分紧急，因为路途遥远，救护车赶到现场用了将近16分钟。抵达现场以后，医生马上检查了患者的情况，发现患者已经没有了心跳、脉搏和呼吸，瞳孔也开始扩散了。闻讯赶来的邻居都说这名患者已经去世，无法挽救。但急救医生不肯就这样放弃，马上为患者做心肺复苏，连续做了40多分钟。同时，护士也给患者输液并采取其他急救措施，在做了40多分钟的心肺复苏和5次除颤后，患者渐渐恢复了心跳，最终恢复了意识和自主呼吸。

解惑答疑

心肺复苏术，简称CPR，是针对骤停的心脏和呼吸采取的救命技术，其目的是恢复患者自主呼吸和自主循环。在日常生活中，需要进行心肺复苏的情况时有发生，心肺复苏的黄金抢救时间是在4分钟以内，原则上最长不能超过6分钟。该案例中，患者在等待16分钟后才开始进行心肺复苏，虽然在急救人员的坚持不懈下最终抢救成功了，但是惊险无比。心肺复苏若超过黄金抢救时间，轻者大脑将出现不可逆性损伤，重者将出现脑死亡。如果患者的家属已经熟练掌握心肺复苏技能，完全可以一边给家人进行心肺复苏，一边等待医生的到来，以争取宝贵的时间对患者及时进行抢救。

《中国公民健康素养——基本知识与技能（2015年版）》第63条明确指出：“遇到呼吸、心搏骤停的伤病员，会进行心肺复苏。”

预防处置

预防方法

1. 保持良好的生活方式，加强锻炼，避免不良生活习惯对身体造成伤害。

2. 日常应重视健康体检，筛选疾病隐患，对筛查出严重疾病的患者，家属应多关注其日常生活状态，避免出现突发情况时无法在第一时间作出急救处置。

3. 每个人平时应多学习基础急救技能，把学习急救技能作为人生的一门必修课，如心肺复苏术、海姆立克急救法等，在出现突发情况时能第一时间进行急救处置，争夺黄金抢救时间。

应急处置

1. 做出判断。出现病人突然晕倒的情况，首先应该判断病人的反应，快速检查心跳、脉搏，确定心脏骤停后马上实施心肺复苏。

2. 及时呼救。在不延缓心肺复苏的同时，拨打120急救电话请求紧急医疗援助。

3. 心肺复苏。分别是胸外心脏按压、开放气道及人工呼吸。

胸外心脏按压：患者平卧在木板床上（或地板上），或背部垫上木板；救护人员站在（或跪在）患者的一侧。救护人员手掌根部放在患者胸骨的中下段（相当于两乳头连线的正中间），另一手掌重叠放在这个手背上，帮助加压；双手重叠，并借助自身体重，进行有节奏的冲击性按压，使患者的胸廓下陷3~5厘米，在最大压缩位置上停留半秒钟，然后突然放松压力，但双手并不离开患者胸骨部位，如此反复进行，按压频率为每分钟至少100次。

开放气道及人工呼吸：连续胸外心脏按压30次以后，患者取仰卧位，抢救人员一手放在患者前额，并用拇指和食指捏住患者的鼻孔，另一手握住患者颏部使其头部尽量后仰，保持气道开放状态，然后深吸一口气，张开口以封闭患者的嘴周围（婴幼儿可连同鼻一块包住），向患者口内连续吹气2次，每次吹气时间为1～1.5秒，吹气量1000毫升左右，直到患者胸廓抬起，停止吹气，松开贴紧患者的嘴，并放松捏住鼻孔的手，将脸转向一旁，用耳听有否气流呼出。当患者有口腔外伤或其他原因致口腔不能打开时，可采用口对鼻吹气，其操作方法是：首先开放患者气道，使其头部后仰，救护人员用手托住患者下颌使其口闭住，深吸一口气，用口包住患者鼻部，用力向患者鼻孔内吹气，直到患者胸部抬起，吹气后将患者口部张开，让气体呼出。如吹气有效，则可见到患者的胸部随吹气而起伏，并能感觉到气流呼出。

30次胸外按压2次人工呼吸为一个循环，连续做5个循环，然后判断患者有无呼吸。如无呼吸，继续做5个循环，直至复苏成功或救护车到来。

21 不盲目抢救触电者

案例直击

案例一　某地发生了一例令人唏嘘的触电身亡案例。一对夫妻触电身亡，直到事发第二天才被发现，而更让人痛心的是，妻子还怀有身孕。一个普通的工作日早上，这对夫妻的同事发现两人都没有去上班，拨打手机也无人接听，于是便通知了男子的哥哥，男子的哥哥叫工友前去查看。工友来到住所敲门发现无人应门，报警后从二楼的消防窗爬入屋内，发现夫妻两人早已死亡。经警方初步调查，触电可能发生在女子沐浴时，丈夫发现妻子触电后去施救，但因施救方法不科学导致双双触电，因现场发现男子是赤脚的。

案例二　在我们身边，盲目抢救触电者导致连带触电的事故频频发生。有个触电救助的视频被热心网友发在网上，堪称触电抢救的“教科书”！视频中父亲和两个儿子正在打扫后院，父亲在整理完电线之后，伸手抓住吸尘器的手柄时突然触电倒在地上，动弹不得。两个儿子见状，立即设法施救，他们在确定父亲是触电倒地后，便立即关闭电源，并试图将父亲手中的吸尘器踢走，尝试失败后，一个儿子拿起身边的一把大伞，将父亲手中的吸尘器捅开。因两人施救及时，父亲没有大碍。

解惑答疑

触电是由于人体直接接触电源导致一定量的电流通过人体致使组织损伤和功能障碍甚至死亡。可能由于救治方法不科学，案例一中的夫妻双双触电身亡。案例二中的儿子救治方法科学规范，使触电者迅速脱离电源后再及时施救。为预防因不恰当施救而导致的事故，我们除了要掌握正确的用电方法，还需要学会如何正确抢救触电者。

《中国公民健康素养——基本知识与技能（2015年版）》第64条明确指出：“抢救触电者时，要首先切断电源，不要直接接触触电者。”在抢救触电者之前，首先要做好自我防护。在确保自身安全的前提下，立即关闭电源，用不导电的物体，如干燥的竹竿、木棍等将触电者与电源分开。千万不要直接接触触电者的身体，防止救助者也发生触电。

预防处置

预防方法

1.正确使用家用电器，不超负荷用电。

2.不私自接拉电线。

3.不用潮湿的手触摸开关和插头。

4.远离高压电线和变压器。

5.雷雨天气时，不站在高处、不在树下避雨、不打手机、不做户外运动。

应急处置

1.断电。

（1）关闭电源开关、拉闸或拔去插头。

（2）使用干燥的竹竿、扁担、木棍拨开触电者身上的电线或电器用具，绝不能使用铁器或潮湿的棍棒，以防触电。

2.紧急救护。

（1）当触电者脱离电源后，立即检查触电者全身情况，特别是呼吸和心跳。发现呼吸、心跳停止时，应立即就地抢救。同时拨打120急救电话求救。

（2）对于神志清醒、呼吸心跳均存在的触电者，可让其就地平卧，暂时不要站立或走动，防止继发休克或心衰，同时严密观察。

（3）对于呼吸心跳停止的触电者，立即对其进行心肺复苏，有条件的尽早在现场使用心脏除颤器进行电击除颤。

（4）处理电击伤时，应注意触电者有无其他损伤。如有外伤、灼伤也要同时处理。

（5）现场抢救时，不要随意移动触电者。

22 火灾逃生有技巧

案例一　一个炎热的午后，一栋高楼顶层突发大火。有目击者称，看到高楼的顶层冒起了浓烟，火势较大，当时有一扇窗户落了下来，还看到有人从起火楼层坠落下来。

案例二　有一起发生在城中村密集老旧的民房一层的火灾，源头燃烧物是摆放在楼道的20多辆电动自行车。这是一起电动自行车充电引发的火灾，最后导致7人遇难。

资料显示，近年来“都市火灾”大多存在同样的特点：火情不大但烟雾很浓，被困群众因紧张试图跳窗逃生导致坠亡，或者试图从楼梯向外疏散，逃生过程中因吸入过多烟雾导致窒息身亡。

解惑答疑

火灾无情，防火先行。以上火灾悲剧完全可以避免，案例一中的坠楼者采取极端的逃生方式引发惨剧；案例二中电动自行车所有者违规给电动自行车充电引发火灾导致多人遇难，更是令人心痛。造成火灾的原因有很多，例如违规乱拉电线，违章使用发热电器，焚烧信件等杂物，在床上点蜡烛，卧床吸烟或将未熄灭的烟头、火柴梗乱扔，燃气泄漏爆燃，建筑物或设备接地不良遭雷击引起火灾等。随着城市不断发展，高层建筑火灾事故频发。因高层建筑楼体高、规模大、人员密集、易燃可燃物多、火势蔓延快、扑救疏散困难，极易造成人员伤亡，掌握正确的火灾逃生技巧十分必要。

《中国公民健康素养——基本知识与技能（2015年版）》第65条明确指出："发生火灾时，用湿毛巾捂住口鼻、低姿逃生；拨打火警电话119。"

预防处置

预防方法

家庭最好配备家用灭火器、手电筒等用品。突遇火灾时，如果无力灭火，应迅速逃生，不要顾及财产。

1. 预防电动自行车火灾事故：不在居民楼内的公共区域、人员密集场所内为电动自行车或电瓶充电。

2. 预防家庭电器火灾事故：避免将充电器放置在床头（或床上）使用；电器使用后务必断电，下班前、出门离家前、睡觉（午睡）前，请务必关闭电器电源，防止电器出现故障自燃引燃周围可燃物；电线要经常检查，不可超负荷使用。

3. 预防燃气泄漏爆燃事故：经常检查煤气罐、煤气灶开关及管线，查看是否有漏气现象；液化气使用后，应及时关闭阀门；煤气罐不能靠近热源、明火，不能在阳光下暴晒，也不能用火烤、浇热水等方法加热。

4. 不违规吸烟，不乱扔烟头。

5. 进入商场、宾馆、酒楼、影院等公共场所时，应首先了解、熟悉安全通道，以便发生火灾时能迅速从安全通道逃生。

应急处置

由于火灾会产生炙热的、有毒的烟雾，所以在逃生时应注意以下几点：

1. 要选用正确的逃生姿势。不要大喊大叫，用潮湿的毛巾或者衣襟等物捂住口鼻，用尽可能低的姿势有秩序地撤离现场。

2. 不乘坐电梯。因为发生火灾后，都会断电而造成电梯“卡壳”，乘坐电梯反而让自己处于更危险的境地；电梯口直通大楼各层，火场上烟气涌入电梯极易形成“烟囱效应”，人在电梯里随时会被浓烟毒气熏呛而窒息。

3. 不盲目跳楼。发生火灾时，应首先判断起火的位置。如果着火点位于自己楼层的下层，且火和烟雾已封锁向下逃生的通道，应尽快往楼上逃生并选择一个比较安全的场所，千万不要盲目跳楼。如果着火点位于自己所处楼层的上层，此时应向楼下疏散逃生。

4. 不盲目从众。发生火灾时，许多人趋向于依靠他人的判断，认为许多人的决策就是正确的，选择慌乱地跟着人流方向逃生，从而导致“一窝蜂”的现象出现，加大了人群拥堵或踩踏的危险，降低了安全疏散的概率。

5. 发现火灾，应立即拨打110报警电话或119火警电话报警。

23 台风伤害要防范

案例直击

每到夏季，沿海城市总有台风频频光顾，相信2018年的超强台风“山竹”很多人都不会忘记。

2018年9月，台风“山竹”从菲律宾一路肆虐到我国，登陆时中心附近最大风力14级（45米/秒，相当于162千米/时），中心最低气压95500帕。据推算，中间这个看似小小的台风眼就有80千米，整个台风直径约有900千米，几乎要“吞没”整个广东！

台风“山竹”登陆时，街边大树被连根拔起，巨浪持续拍打沿海的楼房，不少住宅楼的玻璃窗被震得粉碎，甚至连摩天大楼都开始出现晃动。工地上的巨型起重机被拦腰折断，不幸砸中低层居民楼。播报新闻的记者都险些被海浪冲倒。

据统计，台风“山竹”造成5人死亡、1人失踪、300万人受灾。此外，台风“山竹”还造成5省（区）的1200余间房屋倒塌，800余间严重损坏，近3500间一般损坏；农作物受灾面积174400公顷，其中绝收3300公顷；直接经济损失52亿元。

解惑答疑

强风天气不仅容易发生意外，现场刮倒的物体也极容易伤害我们的身体。同时，台风天容易引发洪涝灾害，泥石流会在极短时间内掩埋村庄和城市，造成人员伤亡和财产损失。

台风的破坏力让人恐慌，但也不是没有应对之法。我们要及时密切关注有关台风的气象报道，在台风登陆前后留在安全的地方，提前关好门窗，清理阳台杂物等措施都可以帮助我们降低台风伤害的风险。虽然我们无法阻止台风的降临，但是可以在它来临之前做好防范工作，将受到的损失和伤害降到最低。

预防处置

预防方法

一、台风来临前

1. 实时关注台风预警信息，合理安排外出行程。

2. 关好门窗，清理窗台、阳台上的易掉落物品，如花盆、杂物等。

3. 提前准备好食物、饮用水、应急照明灯具及必需药品等应急物品。

4. 房屋处于低洼处或洪水、滑坡、泥石流等高发地区的居民要提前撤离到安全区域。

5. 如果身处危险位置不能及时转移时，尽可能联络家人、朋友，告知具体位置，以便在出现突发情况时能及时获得救援。

二、台风到来时

1. 尽量不要外出。如必须外出，以“避”为主，避开树木、广告牌、电线杆，远离断头电线，绕开积水。

2. 如果风雨突然减弱消失，应警惕可能是台风眼过境，并非台风已经远离。不要擅自外出，短时间后狂风暴雨可能再度来袭。

3. 遇到雷电时，要谨慎用电，严防触电。

4. 开车时，低速慢行，保持安全车距，密切注意路上的行人和非机动车辆。遇到积水要绕行。若不慎驶入低洼区且积水快速上涨时，应迅速离开车辆，并向旁边高地转移。

三、台风过后

1. 灾后出门，要事先了解路段情况，不要去地质灾害易发地区。如遇路面积水或山体塌方而不能通行时，一定要等到危险解除后再前进，或选择绕行，不可贸然前行。

2. 当台风预警信号解除以后，要在被宣布为安全后才可返回。

回到家中后，要仔细检查煤气或燃气管线、电线线路等设施设备，确认安全后方可使用。

3. 台风过后，不喝生水，不吃生冷变质食物。注意餐具消毒，严防病从口入。若皮肤出现伤口要及时处理、认真消毒，以免伤口感染。及时清除垃圾，并对受淹的住房作消毒和卫生处理。

应急处置

1. 如果在外面，不要在临时建筑物、广告牌、铁塔、大树等附近避风避雨。

2. 如果在开车，应立即将车开到地下停车场或隐蔽处。

3. 如果住在帐篷里，应立即收起帐篷，到坚固结实的房屋中避风。

4. 如果在水面上（如游泳），应立即上岸，避风避雨。

5. 如果在结实的房屋里，应小心关好窗户，在窗玻璃上用胶布贴成“米”字图形，以防窗玻璃破碎。

6. 当屋内进水时，应立即切断进线电源开关，防止因雨水淹没用电设备等而引发触电事故。

7. 进入被雨水淋湿或地面有水的屋子或棚屋时，应先断开电源总开关，对家用电器、线路进行检查，以免突然送电引起触电、短路等危险。

8. 如台风加上打雷，还要采取防雷措施。

24 雷电伤害会防护

案例直击

某个雷电交加的下午，家住西乡流塘片区的周阿姨和家人一起买完菜回到家中，她本以为避开了外面的雷雨就安全了，没想到刚走到厨房灶台边，她眼前突然闪过一道亮光，随后她被一股大力击中，并被冲到了厨房门口。事后，周阿姨说，自己被击中后当即倒在了地上，全身多处烧伤，身上火辣辣的疼痛，但还有知觉。家人发现后，立即报警并将其送往医院救治。经抢救，周阿姨暂无生命危险，但烧伤面积约有30%～40%，大部分为二度烧伤，也有部分为三度烧伤。医生说，雷电伤一般还会有一些迟发的后遗症，需要进一步观察。

周阿姨的女儿曾小姐说，事发当天看到一道白光先是击中厨房的顶棚，之后从窗户进入室内，随后就听到母亲大叫了一声，身体被冲到厨房门口并倒在了地上，裸露的胳膊等部位多处烧伤。当时站在走廊上的妹妹，也被雷电烧掉了头发。厨房的窗户和大门被雷电掀翻。

解惑答疑

周阿姨家的厨房位于五楼，厨房顶棚挡水设施是一块生锈的铁皮，这块铁皮可能是引雷关键。此外，该栋住宅只做了基础避雷电措施，即只在楼顶安装最原始的防雷电线，防雷效果较差。

近年来，随着避雷措施的加强，人被雷电击伤的情况并不多，在家中被雷电击中且烧伤的情况则更为少见，很多人对此放松了警惕。但这次雷电伤害事故再次给人们敲响了警钟，对雷电伤害的防护不得松懈。

预防处置

预防方法

一、室内防雷

1．雷雨天气应立即关闭电视机、电脑，注意千万不要使用电视机的室外天线，因为雷电一旦击中电视机的室外天线，雷电就会沿着电缆线传入室内，威胁电器和人身安全。

2.尽可能关闭各类家用电器，拔掉一切电源插头，以防雷电从电源线入侵，造成火灾或人员触电伤亡。

3.不要触摸或靠近金属水管以及与屋顶相连的上下水管道，不要在电灯下站立。尽量不要使用电话、手机，以防雷电波沿通信信号线入侵，造成危险。

4.关好门窗。打雷时，不要开窗户，不要把头或手伸出窗外。

5.不宜使用花洒洗澡。建筑物被雷直击时，巨大的雷电流将沿着建筑物的外墙、供水管道流入地下，可能导致淋浴者遭雷击伤害。同时也不要去触摸水管、煤气管道等金属管道。

6.不要到室外收取晾晒在铁丝上的衣物。

二、室外防雷

1.要远离高烟囱、铁塔、电线杆等物体，最好就近进入避雷装置良好的建筑物内，这是最安全的。千万不要进入庄稼地的小棚房、小草棚，因为这些场所容易遭受雷击。

2.户外最好不要接听和拨打手机，因为手机的电磁波也会引雷。

3.不要触摸或者靠近防雷接地线、自来水管、电器的接地线、大树树干等可能因雷击而带电的物体，以防接触电压或者雷击和旁侧闪击。

4.注意不要在户外打金属骨架雨伞，或者扛举长形物体；随身所带的金属物品应该暂时放在5米以外的地方，等雷电停后再拾回。

5.不要骑摩托车或者自行车。可以躲进有金属车身的汽车内，即使汽车被雷击中，金属车身会将电流导入地下。

6.不要惊慌，不要奔跑，最好双脚并拢，双手抱膝就地蹲下，越低越好。减少跨步电压带来的危害。因为雷击落地时，会沿着地表逐渐向四周释放能量。此时，行走中的人前脚和后脚之间就可能因电位差不同，而在两步间产生一定的电压。

7.不宜躲在大树底下。强大的雷电流通过大树流入地下向四周扩散时，会在不同的地方产生不同的电压，在两脚之间产生跨步电压。

8.遇到雷雨天气外出时，最好穿胶鞋，这样可以起到绝缘作用。

应急处置

1.及时拨打120急救电话，告知急救人员事故发生的具体位置，患者姓名、大致年龄、有无呼吸心跳等。雷电天气可以放心使用无线电话（手机），忌用有线电话（固话）。

2.转移患者。发生雷击的位置都有可能面临二次雷击的危险，首要行动就是把受害者挪到相对安全的地方。

3.先检查患者的呼吸和心跳，如没有心跳，立即进行CPR（心肺复苏术），直到送往医院。

4.不要用观察瞳孔的方法（例如检查瞳孔光反射）来鉴别患者是否死亡，因为患者的眼睛可能已被雷击损伤。

25 地震逃生要学会

案例直击

2008年5月12日14时，四川省阿坝藏族羌族自治州汶川县（北纬31.01°，东经103.42°）发生里氏8.0级（矩震级达8.3 Mw）大地震，地震烈度达到11度，地震波共环绕了地球6圈。

此次大地震共造成69 227人死亡，374 643人受伤，17 923人失踪，是中华人民共和国成立以来破坏力最大的地震，也是继唐山大地震后伤亡最严重的一次地震。经国务院批准，自2009年起，每年5月12日为全国“防灾减灾日”。

大地震来袭时，重庆市55名游人正行进在距汶川50多千米处。“快往公路边的平坝跑……”，两名导游声嘶力竭地喊着。在这两名导游的指挥下，大家迅速集中到了平坝上。岷江对面的山“轰隆隆”地塌下来，烟尘、沙石扑面而来，前后的路都已坍塌，游人只能自救。第二天，天刚蒙蒙亮，在倾盆大雨中，这支特殊的队伍互相扶持着，绕过断裂的公路，穿过800米随时可能塌方的隧道，躲过一次次余震，走走停停五个多小时后，终于见到了救援者。

解惑答疑

地震的来袭往往十分突然，很多人慌了神拔腿就跑，其实这是错误的。如果身处高层且无法确定外部环境是否安全时，盲目跟随人群向外跑比起正确躲避更容易发生意外。此外，高层跳楼、躲在窗台边上、逃生时乘坐电梯等都是常见的错误逃生方法。

目前，地震的预测并不十分精准。当地震来袭时，掌握一定的逃生技巧往往能救人一命。《中国公民健康素养——基本知识与技能（2015年版）》第66条明确指出：“发生地震时，选择正确避震方式，震后立即开展自救互救。”

预防处置

预防方法

一、逃生技巧

1.高楼避震。

（1）选择承重墙多、开间小的厨房、卫生间等躲避。

（2）注意避开墙体的薄弱部位，如门窗附近等。

（3）不要乘坐或躲到电梯里。不要跟随人群向楼下拥挤逃生。不要盲目跳楼逃生。

2. 平房避震。

（1）能跑就跑，跑不了就躲。

（2）如果正处于门边，可以立刻跑到院子或周边公园、广场等空地上。

（3）如果来不及跑，就赶快躲到桌子底下、床旁或蹲在紧挨墙根的坚固家具旁。

（4）尽量利用身边物品保护头部，比如棉被、枕头等。

3. 室外避震。

（1）远离烟囱、水塔、高大的树木等，特别是有玻璃幕墙的建筑物。

（2）远离变压器、高压电线、电线杆、路灯、广告牌等高处的危险物。

（3）远离老房子、危房、围墙、堆得很高的建筑材料等容易倒塌的危险物。

（4）选择开阔的地方，趴下或蹲下，不要乱跑。震后不要轻易返回室内。

二、自救方法

1. 如果被埋压，一定要坚信会有人前来救援。如果两个或多人一起被埋压，一定要相互鼓励。

2.在能行动的前提下，逐步清除压物，尽量挣脱出来。要尽力保证一定的呼吸空间，如有可能，用毛巾等捂住口鼻，避免灰尘呛闷发生窒息。

3.尽量节省力气，用敲击的方法呼救。注意外边动静，伺机呼救。

4.尽量寻找水和食物，创造生存条件，耐心等待救援。

应急处置

1.大地震的危险震动期大约只有一分钟。强烈地震发生时，在家中的人可暂躲到较坚实的家具如床、桌下面，或到跨度小、刚度强的小开间的室内暂避，如厨房、卫生间等。主震后应迅速撤离至户外，撤离时要注意保护头部，可用枕头等软物将头部护住。要注意关闭煤气开关，切断电源。住在高层建筑里的人不能使用电梯，也不要跑到阳台上，尤其是不能跳楼。

2.正在上课的学生和幼儿园的小朋友应躲到课桌和小床下面。要听从老师的安排，不要乱跑。在影剧院或其他公共娱乐场所的人们应因地制宜躲到椅子下，或舞台下、乐池、桌子、柜台两侧，保护好头部，切不可一齐拥向出口。

3.车上的乘客要抓住座椅或车上的牢固部件，不要急于下车。正在运行的车辆应紧急停车，设法停在开阔处。

4.如果正在过桥，则要紧紧抓住桥栏杆，主震后立即向岸边转移。

5.街道上的行人不要在狭窄的巷道停留，不要躲在靠近电线、变压器的地方，也不要靠近烟囱及高大建筑物。

6.人们还应该远离石化、化学、煤气等易燃有毒的工厂或设施，如遇到火灾或有毒气污染时，应迅速向上风方向撤离。当大地震蓦然而至，若开始时震级不高，人们应当迅速离开建筑群，分散到空旷的场地上去。

26 洪涝灾害会逃生

案例直击

2020年6月26日晚至6月27日凌晨，四川省凉山州冕宁县北部地区突降暴雨至特大暴雨，彝海镇、高阳街道、灵山景区局部地区受灾严重。

在彝海镇大马乌村，布阿姨家的房子修在路边，紧挨着河道。她说，洪水来袭时，她和儿子、儿媳、三个孙子都在家里。不久，她家的院子里积水就超过了半人高。见水越来越大，他们只好爬上房子的隔层避险。到天快亮的时候，洪水才开始慢慢退去。一家人脱离了危险。

事后，布阿姨得知，洪水来时邻居克大叔将家里的农用三轮车开出，载上一家人，想快点撤离。不料，车刚走出二三十米，行至入户路与村道的交会处时，前后方洪水夹击，车被洪水掀翻，车上8人全部落水。

天亮后，克大叔和他的母亲脱险。遗憾的是，他的妻子和另外几个孩子却遇难了。

解惑答疑

洪涝灾害包括洪水灾害和雨涝灾害两类。由于强降雨、冰雪融化、冰凌、堤坝溃决、风暴潮等原因引起江河湖泊及沿海水量增加、水位上涨而泛滥以及山洪暴发所造成的灾害称为洪水灾害。因大雨、暴雨或长期降雨量过于集中而产生大量的积水和径流，排水不及时，致使土地、房屋等积水、受淹而造成的灾害称为雨涝灾害。

洪涝灾害的发生往往十分迅猛，上述案例中的克大叔因为误判险情，没有正确认识洪水的涨势和附近的地理情况，盲目将车驶出，导致了家人伤亡的惨剧。因此，掌握一定的应急逃生技巧十分必要。为了更好地维护灾区居民的健康，国家卫生健康委员会发布了《洪涝灾害健康教育核心信息》。

预防处置

预防方法

一、洪水来临前

1.我国大部分地区夏秋季节多雨，应密切关注天气预报和灾害预警信息，做好防灾准备，提前熟悉最佳撤离路线。

2. 根据当地政府防汛预案，做好应对洪涝灾害的准备，提前熟悉本地区防汛方案和措施。

3. 洪涝灾害易发地区居民家庭应自备简易救生器材，以备洪水来临来不及撤离时自救和互救使用。

4. 除了洪水，在多雨季节，山区易发生山体滑坡、泥石流和房屋垮塌等次生灾害，山区居民建房应尽量远离山坡和河道，连续降雨时，如发现山体土壤松动、房屋出现裂痕、河水突然断流或加大等迹象时，应及时撤到安全区域。

5. 保持通信畅通，方便撤离、呼救时使用。为了避免手机进水损坏，在撤离时可将手机装入防水塑料袋中。

6. 洪涝灾害撤离时应注意关掉煤气阀、电源总开关等。

7. 撤离时要听从指挥，险情未解除，不要擅自返回。

二、洪水来到时

1. 要迅速向高处转移，来不及转移时，应尽快就近抓住固定物或漂浮物，以免被洪水冲走。

2. 如果被洪水包围，应尽快拨打当地防汛部门电话119、110或与亲朋好友联系求救，夜间用手电筒或大声呼喊求救，也会引起救援人员的注意。在求援时，应尽量准确报告被困人员情况、方位和险情。

3. 在撤离时应避开高压电线，防止触电。

4. 安全转移要本着“就近、就高、迅速、有序、安全、先人后物”的原则进行。

5. 当发现有人溺水或被洪水围困时，应在保证自身安全的前提下设法营救。在条件允许的情况下，可抛掷救生圈、绳索、长杆、木板、泡沫塑料或轮胎等物品给溺水者，帮助溺水者攀扶上岸。一般来说，结伴施救会增加安全性和提高成功率。

6. 洪涝灾害期间需谨慎驾车，在不能确保安全的情况下，不可在湿滑山路、积水路段、桥下涵洞等处行驶。

三、灾后防病

1. 不喝生水，只喝开水或符合卫生标准的瓶装水、桶装水。在因缺水危及生命不得不饮用生水的情况下，必须按照说明书标明的比例，用明矾澄清，并用漂白粉（精片）消毒，至少煮沸5分钟后，方可饮用。

2. 不吃腐败变质的食物，不吃淹死、病死的禽畜。

3. 注意环境卫生，不随地大小便，不随意丢弃垃圾。

4. 避免手脚长时间浸泡在水中，尽量保持皮肤清洁干燥，预防皮肤溃烂和皮肤病。下水劳动时，应每隔1～2小时出水休息一次。

5. 做好防蝇防鼠灭蚊工作，预防肠道和虫媒传染病。

6. 勤洗手，不共用个人卫生用品。

7. 如出现发热、呕吐、腹泻、皮疹等症状，要尽快就医，防止传染病暴发流行。

8. 在血吸虫病流行区，尽量不接触疫水，必须接触时应做好个人防护。

9.保持乐观心态有助于解决问题。

应急处置

1．如果不幸落水，应保持冷静，立即屏气。尽量抓住身边的漂浮物，如木板、树枝等，寻找机会抓住建筑物、大树等固定的物体。

2．如遇他人落水，将溺水者从水中救起时施救者必须注意自身安全。

3．将溺水者救上岸后，应立即开放溺水者的气道，检查溺水者的呼吸。如果溺水者无呼吸，则施以人工呼吸。若溺水者吸入水量不多，不会造成气道阻塞。如果溺水者有自主呼吸，将溺水者腹部趴在施救者膝盖上，拍击溺水者背部，使溺水者气道内的水排出。

4．如果溺水者心跳已停止，则应实施心肺复苏术。

27 儿童窒息会抢救

案例直击

某幼儿园内发生一起4岁男孩因异物卡喉身亡的惨剧。

这天中午，源源和往常一样与班里的小朋友一起吃午餐。可能因为当天好吃的食物太多，源源吃得心急，也可能因为一边吃一边跟隔壁的小朋友聊得开心，源源一不小心被食物卡住了喉咙。只见他急得满场乱跑，不断尝试用手把嘴里的东西抠出来，其间还撞歪了教室中的桌椅。然而，这些响动并没有引起老师的注意。

源源一度从地上爬起又倒下，并在地上痛苦翻滚，但依旧没有老师过来查看情况。直到他第二次倒地3分钟后，才有一名身穿黄色外套的老师急忙跑来，但此时源源已经躺在地上不动了。

120急救车赶到现场后，救护人员立即对源源实施抢救，但遗憾的是，最终抢救无效，源源不幸身亡。

解惑答疑

我们经常会看到儿童窒息的新闻报道，因为孩子吞咽功能不完善，或在进食时哭闹、大笑，食物容易误入气管。

孩子吃了坚果类如花生、瓜子等小而硬的食物，或者玩小件玩具、物品后出现呛咳、憋气、面部青紫时，我们就要高度警惕了，要仔细听孩子的呼吸音是否变粗，有没有喘鸣。如果突然出现无法咳嗽，不能说话，或脸色发青几乎无法呼吸时，即可确认为异物卡喉。

有的孩子误吞异物时大人不在身边未能及时发现，或者异物较小，呛入时没有明显的症状，但是孩子不久就可能出现持续的顽固性咳嗽、发热、脓痰等症状，经过药物治疗不见好转的，就要怀疑气道异物的可能。

预防处置

预防方法

1. 检查儿童床，拿掉枕头、毛绒玩具和其他松软物体，这些都是引起孩子睡觉时窒息的隐患。

2. 最好给孩子穿拉链衫，如果穿纽扣衫，则要时常检查纽扣是否松动脱落。

3. 去掉孩子衣服上的装饰物，如小装饰物、装饰带等。

4. 孩子吃东西时大人要认真看护，让孩子坐直认真地、安静地吃，不要边跑边喂，边吃边看电视和讲笑话。

5. 孩子吃东西时，保证他们手可及范围内没有小颗粒物，如玩具部件、花生粒、葡萄等。

6. 不要给3岁以下的孩子吃圆形坚硬的小颗粒食物，如果冻、硬糖、坚果、葡萄和爆米花等。

7. 购买玩具时，注意查看玩具包装上有关安全的说明，如多部件拼装玩具不适宜3岁以下儿童。

8. 经常检查孩子的玩具，看看是否有部件或碎片脱落。

应急处置

呼吸道梗阻婴儿的急救方法如下：

1. 掏出患儿口中可见的异物：打开患儿口腔，掏出奶液或其他食物残渣等。

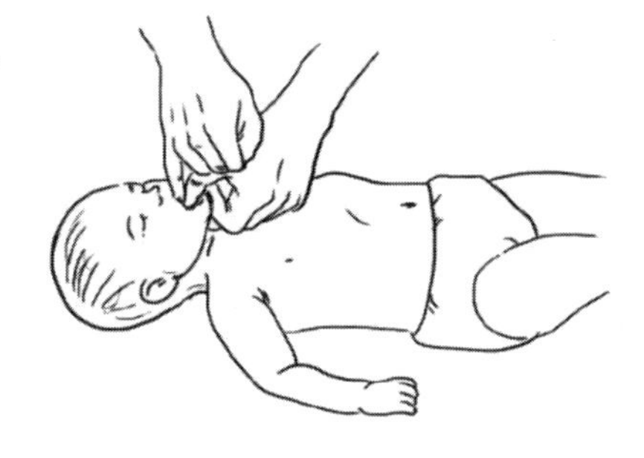

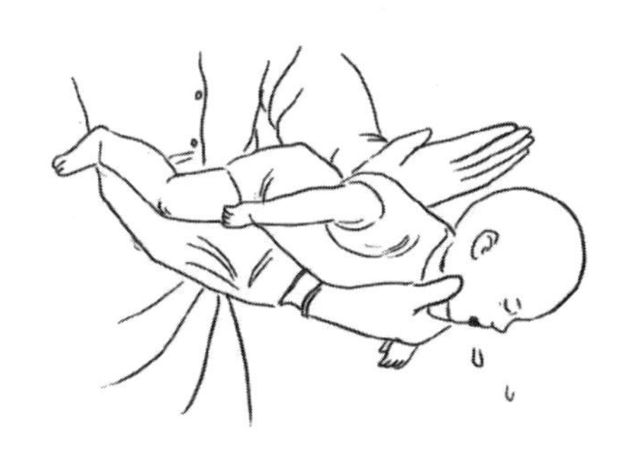

2. 背部拍击法一：施救者将患儿身体前屈倾斜60°，使其俯伏于施救者前臂，并保持患儿头部与颈部位置稳定，同时用另一

只手叩击患儿左右肩胛骨之间的背部数次，以促使异物排出。

3. 背部拍击法二：施救者让患儿头部朝下趴在自己膝盖上，一手托其胸，一手拍其背部（4~5次），同时用手指按压患儿舌根部使其产生呕吐反射，让异物呕出。

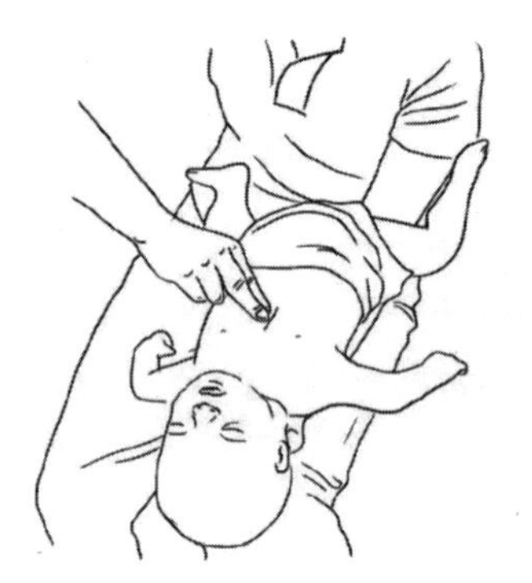

4. 胸部推击法：若背部拍击法无效，可采用该法。让患儿面部向上，仰卧于一稳固平面上，施救者用食指和中指迅速挤压患儿胸骨4~5次，以促使异物排出。

5. 挤压胃部法：施救者抱住患儿腰部，用双手食指、中指、环指顶压其上腹部，用力向后上方挤压，压后放松，重复而有节奏地进行，以形成冲击气流，把异物冲出气道。

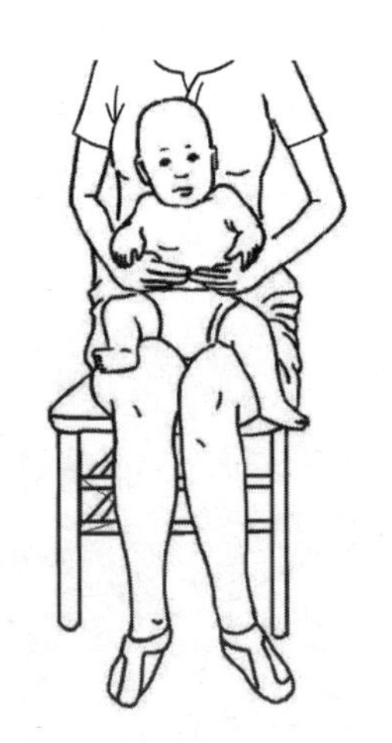

28 预防老年人跌倒

案例直击

国家统计局最新数据显示，我国60周岁及以上老年人口约2.5亿，占我国总人口的17.9%。随着老龄化程度的加深，老年人的健康问题已逐渐成为社会关注的焦点。以下两个小故事告诉我们：老人不慎跌倒，将会危及生命。

70岁的张阿婆，夜间睡觉时不慎从床上摔下，后背着地。张阿婆感觉后背及腹部隐隐作痛，但由于是深夜，她不想影响家人休息，于是强忍疼痛，没有告诉家人。两天后，张阿婆的症状不但没有缓解，反而加重，并出现头晕乏力的症状，于是被家人送到医院就诊。入院后，张阿婆出现休克症状，病情危急，医院对张阿婆进行心电监护、抽血化验、输液、输血等抢救治疗，但是由于生命体征不稳定，张阿婆不适宜进行手术介入治疗，于是转入了急诊重症监护病区（EICU）进行保守治疗。

另外一位林老伯，在走路时不慎摔倒，头部先着地，当下出现头晕头痛、恶心呕吐等症状。林老伯被送到医院后，神志越来越模糊，病情加重，医院紧急对林老伯进行头颅CT检查，诊断结果为蛛网膜下腔出血、左侧硬膜外血肿等，于是林老伯被紧急转入了神经外科重症监护室治疗。

解惑答疑

跌倒严重威胁老年人的健康，已成为65岁老人因伤致死的首要原因，50%以上的老人因跌倒受伤而就诊，而且年龄越大，跌倒的风险越高。老年人的跌倒是与多方面因素相关的，主要危险因素有慢性疾病（如脑血管疾病、影响视力的眼部疾病、腿部疾病）、生理因素（如体力差、视力障碍）、环境因素（灯光暗、物品摆放杂乱、没有防滑垫）、药物因素（镇静药、抗焦虑药、降压药、降糖药）等。可见，各种危险因素就潜藏在我们的日常生活中，稍不注意将导致跌倒事件的发生。

《中国公民健康素养——基本知识与技能（2015年版）》第21条明确指出："关爱老年人，预防老年人跌倒，识别老年期痴呆。"从2019年起，全国每年组织开展老年健康宣传周活动，同年国家卫健委发布了《老年健康核心信息20条》，其中第12条告诉我们：适量运动，保持平衡力；加强自我防护，完善环境设施。

预防处置

预防方法 

1. 改造环境。

（1）使过道照明充足，清除过道中的障碍物，移走不稳定的家具，将常用物品放在易于取放的位置等，这些都是改善室内环境的要点。

（2）厕所作为跌倒的高发地，可以安装扶手，放置大面积的防滑垫。如果老人的平衡能力不好，建议洗澡的时候使用淋浴椅等设施，避免站立淋浴。

（3）家里安装报警或呼救装置，老人跌倒时，家人可以及时发现。

（4）穿鞋方面，建议老人避免穿不跟脚的拖鞋，以防跌倒。

2. 营养膳食。

营养的缺失会导致肌肉力量减弱，同时随着年龄增长引起的骨质疏松，会使老人跌倒的风险增加。建议在平衡营养膳食的同时，注意补充钙质和维生素D。

3. 适量运动。

适量的运动锻炼不仅能改善心肺功能，还可以增强肌肉力量，从而避免跌倒的发生。推荐的运动包括太极拳、走路等。如果老人感觉走路都很疲劳，可以使用拐杖、助行器等辅助器具。

4.用药后需观察。

如果老人正在服用会增加跌倒风险的药物，建议在感到眩晕、困倦的时候多休息。如果眩晕发生频繁，可以到医院询问是否可以调整药物。

应急处置

1.如患者有外伤、出血，应立即为其止血、包扎。

2.如患者有呕吐，将其头偏向一侧，并清理口腔、鼻腔呕吐物，保证呼吸通畅。

3.如患者有身体抽搐，将其移至平整柔软的地面或在身体下面垫软物，防止碰伤、擦伤，必要时牙间垫较硬物，防止舌咬伤，不要硬掰抽搐肢体，防止肌肉、骨骼损伤。

4.如患者呼吸或心跳停止，应立即对其采取胸外心脏按压、口对口人工呼吸等急救措施。

5.如需搬动患者，保证其身体平稳，尽量平卧。

29 预防儿童坠落

案例直击

杭州萧山某小区内，一名4岁的小男孩从19楼掉落到一楼阳台边的小区绿化带旁。小区的住户反映，当时小男孩还有呼吸，但送往医院后不治身亡。

这是一起因家中无人看管而引发的意外吗？据了解，小男孩的父母来自湖北，在杭州工作，平时由外婆照顾起居。意外发生的这两天因为外婆生病了，小男孩的父母特地请了保姆。在有人看管的情况下仍然发生儿童意外坠落事件，这不禁让我们反思，到底应该如何正确预防儿童坠落事件的发生呢？

解惑答疑

据统计，坠楼儿童年龄多集中在2~6岁，儿童坠楼多发生在孩子独自在家和离开监护人视线两种情况下。几乎所有儿童坠楼事件都发生在自家窗台或阳台，没有安装防护网的窗台、阳台是高危地带。上述案例中意外的发生也是因为孩子家中阳台没有封闭。

除了儿童意外坠落外，工人工作过程中由于施工作业不规范而引发的坠落伤害也是建筑施工中最多见的。

预防处置

预防方法

1. 避免让孩子单独待在家中。

2. 在窗户上安置防护栏。

3. 窗台边不放置杂物，避免被孩子当作垫脚石爬上去造成坠落。

4. 向孩子灌输安全意识，让孩子意识到危险性。

处置方法

1. 不轻易进食。若发现孩子坠落，并伴有呕吐、尿血等症状，一定要停止进食，立即送到医院检查。

2. 不轻易搬动。发现孩子坠落后全身无力时，不要随意搬动孩子，立即拨打120急救电话等待救援。

3. 及时固定断裂处。当发现孩子的手脚可能骨折、脱臼时，应立即用绷带或夹板绑住固定，不要随意搬动孩子。在没有夹板或绷带时，可用围巾、皮带、绳子等代替。

4. 垫上软物，及时送往医院。在给孩子固定之前，最好在骨突处垫上棉花等软物，防止突出部位的皮肤磨损。

30 预防烧烫伤

案例直击

在日常生活中，烧烫伤是常见的意外事故，但烧烫伤可大可小，严重的可能危及生命。最近，某地的急救中心就接到好几起烫伤事故的求救：某家店里，一名伙计不小心被热油烫伤，烫伤面积较大；某户人家热水瓶爆炸，一名14岁男孩右脚被烫伤……

对小孩来说，危险更是无处不在。某天，急救中心调度员接到一个求救电话，电话中传来一名中年男子焦急的声音："我的孩子被烫伤了，该怎么办？"调度员马上询问地址、电话等具体信息，并立刻派出急救车前往。十多分钟后，急救医生到达现场，为孩子做烫伤急救处理后立刻将孩子送往医院进一步治疗。

据了解，被烫伤的孩子才17个月大。事发时，家里刚煮好的银耳汤放在厨房桌子上，孩子跑到厨房玩耍，不慎打翻了汤碗，被滚烫的银耳汤从头浇下，脸和身子大面积烫伤。

解惑答疑

缺少看护及将热汤、热水放在桌旁边缘等危险位置导致了上述烫伤意外的发生。烧烫伤对儿童伤害极大，因为儿童皮肤薄而娇嫩，皮下组织疏松，可塑性大，一旦发生深度大范围烧烫伤，极易形成瘢痕挛缩，若处理不当，可造成关节功能障碍，甚至终身残疾。避免烧烫伤的重要方法便是看护好自己的孩子，把危险物品（如热水瓶等）放在孩子够不着的地方，最大限度上防止意外发生。如不幸出现意外，应当及时去医院就诊。

预防处置

预防方法

1. 儿童常常是烧伤的受害者，因此有儿童的家庭要特别注意，预防儿童烧伤。

2. 浴室和厨房是儿童发生烧烫伤的常见场所，因此一定不要让孩子单独停留在这些地方。

3. 给儿童洗澡时一定要先放冷水再放热水，热水口的温度不要高于55℃。

4. 热水瓶、热汤等不要放在儿童可以触摸到的地方。

5. 不要在餐桌上放置台布，以免儿童扯拽将餐桌上的热汤打翻造成烫伤。

6. 在端热汤进出门时一定要打招呼提醒家人照顾好儿童，避免因冲撞造成烫伤。

7. 过年过节燃放烟花爆竹时一定要看管好儿童，正确燃放。

应急处置

1. 冲。将烫伤部位置于清洁的流动冷水下冲洗30分钟以上，水流不宜过急。

2. 脱。在冷水中，小心谨慎地将覆盖在伤口表面的衣物去除，避免弄破水泡或撕破皮肤。

3. 泡。将烫伤的部位置于冷水中持续浸泡10~30分钟。

4. 盖。通过以上处理后，以洁净或无菌的纱布、毛巾、被单、衣物或毛毯等覆盖伤口并固定保护，可保持伤口清洁、减少感染。

5. 送。应急处理后需将伤者送至可治疗烧伤的医院进行治疗。

31 预防中暑

案例直击

炎炎夏日，太阳高挂，建筑工人谢先生从上午11点多开始到户外搬运建筑材料。在室外高温下工作一小时后，谢先生感觉身上没有力气。他和一起干活的工友说了自己的情况，工友让他先坐下休息一会儿。谢先生休息了一会儿，站起来走了不远便突然倒地昏迷过去，随后出现全身抽搐的情况。工友看到后，赶紧将他送往医院。

参与抢救的急诊科主任说："患者被送来时已深度昏迷，全身仍在抽搐，瞳孔不规则，呼吸衰竭，体温达到42 ℃，随时会因多器官衰竭而死亡。"

由于谢先生已经出现呼吸衰竭的症状，医生立即用冰毯子、冰帽子对他进行物理降温，并为他上了呼吸机，一边抢救一边送往重症监护室。化验结果显示，除了呼吸衰竭外，谢先生还出现了心肌损伤、肝脏衰竭、肾脏衰竭等多个器官衰竭，并出现了脑水肿，情况危险。

解惑答疑

人的体温受下丘脑体温调节中枢控制，人体通过皮肤血管扩张、体内血液流速加快、排汗、呼吸、大小便等散发热量。在高温、高湿、暴晒、通风不良的环境中，人体会出现散热障碍，导致体内热量蓄积，发生中暑。过劳、睡眠不足、工作强度大是主要诱因，老人、儿童及有基础性慢性病者易发。

当时测得谢先生的体温为42℃，但实际体温可能已经超过了这个温度，因为这是体温计能测到的最大温度，体温升高开始报警的温度是37.3℃。这个时候，人体会通过蒸发汗水、散发热量进行“自我冷却”，此时身体已拉响警报。

中暑的症状可分为先兆、轻度和重症中暑三类。先兆中暑是指在高温环境中出现乏力、大汗、口渴、头痛、头晕、眼花、耳鸣、恶心、胸闷等症状。轻度中暑除以上症状外，主要还表现为面色潮红、皮肤灼热、体温升高至38℃以上，也可伴有恶心、呕吐、面色苍白、脉率增快、血压下降、皮肤湿冷等症状。重症中暑除前述两类中暑症状外，还有痉挛、腹痛、高热昏厥、昏迷、虚脱或休克等症状，严重的会引起死亡。

预防处置

预防方法

1. 足量饮水。一定要及时补充液体的摄入，不应等到口渴时才喝水，高温下剧烈运动至少每小时喝2~4杯水（500~1000 mL），应少量多次饮用，还要补充盐分和矿物质。

2. 饮食清淡。少吃高油脂食物，饮食尽量清淡，需要摄取足够的热量，补充蛋白质、维生素和钙等，多吃水果和蔬菜。

3. 穿着适宜。在户外，应尽量选择轻薄、宽松及浅色的服装，可以佩戴宽帽檐的遮阳帽、太阳镜，并适当涂抹防晒霜。

4. 热身准备。做好热身准备，让身体慢慢适应外界的环境。最好避开正午时段，并且尽量多在阴凉处活动或休息，避免太阳直晒。

应急处置

1. 搬移。迅速将患者抬到通风、阴凉、干爽的地方，使其平卧并解开衣扣，松开或脱去衣服，如衣服被汗水湿透应更换衣服。

2. 降温。可用冷毛巾敷在患者头部，用50%酒精、冰水或冷水进行全身擦浴，然后用扇子或电扇吹风，加速散热。有条件的也可用降温毯降温。但不要快速降低患者体温，当体温降至38℃以下时，要停止一切冷敷等强降温措施。

3. 补水。患者仍有意识时，可让其喝一些清凉饮料，在补充水分时，可加入少量盐或小苏打。但千万不可急于补充大量水分，否则会引起呕吐、腹痛、恶心等症状。

4. 促醒。若病人已失去知觉，可指掐其人中、合谷等穴位使其苏醒。若呼吸停止，应立即实施人工呼吸。

32 懂得正确报警

案例直击

据说曾有一段短视频在多个网络平台流传。视频中，一女孩被挟持后，偷偷比画出一个类似“OK”的手势，路人发现后感觉好像有问题，就及时报警解救了女孩。

视频中的手势，是用大拇指与无名指相触，剩下的3根手指伸直，和一般的“OK”手势有所不同。这些视频被网友转发并声称：“请广泛传播，让更多人了解这个手势！做出这种类似‘OK’的手势，就是做出国际公认的求救手势。”

然而经核实，这种所谓国际通行的“OK”手势报警法并不靠谱，警方也从未在公开场合宣传推广过这种报警方式。这个手势并非官方或公认的暗中报警手势，真正遇到危险的时候，你摆这个手势，容易让人误解，难以达到脱险目的。

解惑答疑

上述案例中“OK”手势报警法出现的原因可能是由于自媒体的蓬勃发展，为不实、不良信息的传播提供了机会，一些自媒体经营者为了利用点击量、阅读量等谋取暴利，挖空心思、不择手段、无中生有地精心炮制各种各样的“惊人”信息，或歪曲捏造，围绕人们关心的话题捕风捉影、添油加醋，诱骗人们点击。

目前最常用的国际通用求救信号是“SOS”，它的通用远程表达方式为“三短三长三短”的声响或灯光。上述案例中不靠谱的报警法可能会耽误自救的时机。在有条件的情况下，还是要拨打110报警电话报警，或大声示警寻求帮助。

预防处置

预防方法

以下情况下可以报警：

1. 发生溺水、坠楼、有人自杀等情况，需要公安机关紧急救助。

2. 老人、儿童及智障人员走失，需要公安机关帮助查找。

3. 公众遇到危险或灾难，处于孤立援助需要立即救助的状况。

4. 涉及供水、电气、供暖等公共设施安全，威胁人身安全或工作、学习、生活秩序，需要公安机关紧急处置等。

应急处置

1. 就近及时报警。任何单位、个人及公用电话都应为报警人提供方便。万一自己无法报警，及时委托他人帮忙报警。

2. 准确陈述情况。现场的原始状况如何，有无采取措施，报警人所在位置、姓名、联系方式。

3. 切忌表达不清。说清楚事发时间、地点及走失人口特征、基本信息（如是老人、儿童或智障人员等）。

33 遇险求救有技巧

案例直击

小峰今年20多岁，老家在湖北，在外地靠做自由摄影师这个职业维持生计。一天，有“客户”联系他到天津拍摄，谁知这一去就陷进了传销窝点。在“师傅”的劝说下，小峰被以“买产品”为由拿走了所有的现金，还被用手机借贷软件刷走了一万七千元。过了几天，对方慢慢放松了对小峰的戒备。小峰拿回了自己的手机，可以看信息，但不允许回复。他假意跟“师傅”聊天，用手指“盲打”给哥哥发了求救的消息。

很快小峰接到了父亲的电话，可传销组织一群人围着他，接电话时，言语稍有不慎就会被掐断，还免不了一顿毒打。小峰想到个办法，说起了湖北老家的方言，现场虽有湖北人，但好在湖北方言比较复杂，隔几个县方言都不太一样。“我电话里不敢说天津，我说的是姐姐上学的城市。”

小峰足足被困一周，其间靠着家乡话“瞒天过海”，通过电话把自己的位置告诉了父亲。最终警方把小峰和三名同伴解救出来。

解惑答疑

传销一般通过以下“洗脑”方式行骗。

1. 热情接待，制造假象。利用朋友的信任和年轻人希望生活有激情的心理特征，以干事业为诱饵，将朋友骗至目的地后，安排喝茶旅游，给新骗进来的人制造假象。

2. 所谓“成功学”的灌输。新来的人进入传销组织后，便开始接受“洗脑”培训。授课人往往结合社会情况和个人经历，分析影响成功的因素，让每个听课人听得激情澎湃，准备干一番大事业。

3. “直销”掩盖“传销”。新进入传销组织的人要上很多培训课。授课人会告诉大家通过介绍其他人加入公司，介绍加入组织的人越多，工资涨得越快。

4. “磨砺意志”的假象。传销组织会通过组织大家读书、背书、站军姿、让每个人讲一个笑话、即兴演讲等方式，用“今天睡地板，明天当老板”等口号激发受骗者的工作热情。

5.“ABC法则”的教育方式。“ABC法则”即A带B来了，让C来做B的思想工作。A负责把C神化，C对B进行思想灌输。一旦这些人上当后，组织者就不失时机地对他们进行“市场开拓培训”，叫他们骗亲友来做下线。

预防处置

预防方法

日常应了解以下不同类型的传销，避免自己陷入困境。

1. 暴力传销：此种类型的传销为最原始的传销方式。主要特点是存在绑架、限制人身自由等严重违法行为。

2. 传统传销：传统传销多通过上课的方式让人自愿加入传销组织，不存在产品或者有产品但价格过高。同时也会伴随限制部分人身自由和禁止与外界沟通等情况。

3. 新式传销：这一类的传销表面上是在销售某种产品，而且该产品不限于实物，还有一些金融产品、保险等无形产品和服务。

4. 网络传销：网络传销使用不公开的手段，通过缴纳会费或者享受产品，抑或是通过各种产品的销售发展二级代理、兼职等形式进行传销活动。也有通过新型社交网络平台进行的传销，此种传销方式手段隐秘。

应急处置

根据自身的情况和周围的环境条件，发出不同的求救信号，如个人人身受到了自由限制，可采用以下方法。

1. 声响求救。遇到危难时，除了喊叫求救外，还可以吹响哨子、击打脸盆、敲打物品、击打门窗或敲打其他能发声的金属器皿发出求救信号。

2. 利用反光镜。遇到危难时，利用回光反射信号是最有效的办法之一。常见工具有手电筒以及可利用的能反光的物品，如镜子、罐头皮、玻璃片等。每分钟闪照6次，停顿1分钟后，再重复进行。

3. 地面标志求救。在比较开阔的地面，如草地、海滩、雪地上可以制作地面标志。利用树枝、石块、帐篷、衣物等一切可利用的材料，如把青草割成一定标志，或在雪地上踩出一定标志，与空中取得联系。可拼出常见单词SOS（求救）、HELP（帮助）。

4. 抛物求救。在高楼遇到危难时，可抛掷软物，如枕头、书本、空塑料瓶等，引起楼下注意并指示方位。

5. 烟火求救。在野外遇到危难时，连续点燃三堆火，中间距离最好相等。

34 野外活动要安全

案例直击

2019年1月2日，一名野外登山活动爱好者（俗称“驴友”）启程徒步穿越贡嘎山。1月7日，甘孜州救援队接到这名驴友的求救电话。救援队根据经验判断出此驴友路线后，于7日下午在两岔河附近发现此驴友已在帐篷里去世。经初步判定，此驴友可能因严重的高原反应引起肺水肿而去世。2019年1月26日，河南省辉县市黄水镇中水沟一支7人的驴友队伍在进行户外穿越时，一名52岁男性驴友不慎失足跌落悬崖。虽经辉县市各方多部门紧急营救，但令人遗憾的是，伤者终因伤势过重离世。2019年2月10日，青岛市崂山天心池一名约60岁的男性驴友独自一人登山，因未知原因从高处滚落。其头部受伤，被发现时已无生命体征。2019年2月26日，平顶山市鲁山县四棵树乡何庄鹰嘴崖一队约二三十人的登山爱好者在登山过程中，一名50多岁男子失踪。经寻找，发现他已从一悬崖处滚落。民警、消防及人道救援队接到求救电话赶来救援，但赶到事发现场时，此男子已停止呼吸。其后救援队员们经过十多个小时的努力，在27日早上6点多，终于将遇难男子抬下山。

解惑答疑

上述案例中的这些悲剧是完全可以避免的。户外运动在我国兴起相对较晚，安全问题尚未引起社会的重视，因此，我国户外生存、逃生、自救等知识和经验比较欠缺。户外运动要求参与者身体健康，懂得一定的运动技能技巧，尽量选择适合自己的户外活动项目，在适宜的强度下锻炼，切不可超越自己的能力和身体承受范围而勉强为之。而且多数户外运动参与者存在侥幸心理，参加户外运动未买相关的保险。在我国发生的户外事故中，受伤和遇难人员基本没有购买专门的户外运动保险。安全意识淡薄是户外运动参与者的普遍特征，也是造成户外运动安全事故的主要原因。安全意识的相对缺乏使户外运动参与者们不能尽快意识到危险的存在，事故发生时，救援不及时或者根本没有救援条件。户外运动大多在环境比较恶劣的野外进行，再加上天气变化等原因，户外活动有很多不确定危险因素。

预防处置

预防方法

1. 具备专业知识。户外运动本身具有一定的风险性和冒险性，户外运动参与者必须具备一定的专业知识，或由具有严密组织的团队组织户外运动，才能降低事故的发生率。

2. 购买合格的户外运动装备，并掌握其使用方法。

3. 掌握常见户外险情。遭遇风雨时，根据行进的路段和雨势的大小以及队员的身体状况迅速决定继续行进还是避雨；野外活动中存在遭受雷击的风险，雷电通常会击中户外最高的物体尖顶，所以孤立的高大树木或建筑物往往最易遭雷击，在雷电大作时，应远离高树、铁塔、汽车，跑向低地。

应急处置

1. 发生危险立即拨打电话向外界求助。

2. 发生急性高原反应时，注重休息，食用易消化的高糖食物，进食不宜过饱，不宜饮酒吸烟。

3. 中度、重度患者采用鼻管或面罩间断吸氧。

4. 发生晕厥时，立即平卧，将患者头部放低，绝大部分患者经此处理后不久即可恢复。持久晕厥者可按压其人中、百合、百谷、十宣等穴位或送至医院诊治。

5. 一旦被毒蛇咬伤，要保持镇静，力争在几分钟内进行急救处理，排除毒液，防止被身体吸收，抑制毒性作用。

35 灾后心理安全

案例直击

2019年6月17日，四川宜宾市长宁县发生6.0级地震，在此之后，宜宾又发生多次余震。一方有难，八方支援，面对突然而来的灾难，社会各界积极给予大力救援、支持，灾区百姓在第一时间得到了较全面的医疗救治与帮助。在确保灾区百姓生命安全、生活保障的同时，医疗卫生机构不忘关注灾后人们的心理健康，及时给予了必要而科学的心理干预。参加过汶川地震、雅安地震以及宜宾长宁地震现场救援的医学心理科主任李医生说，如今医疗卫生行业更加重视对百姓的灾后心理关爱，灾难面前大众的整体心理承受力及素养也有了显著提高。灾情就是命令，在四川宜宾市长宁县发生地震后的短短一个多小时里，李医生就随医院救援队伍赶到了救援一线，积极开展紧急医疗援助。李医生说："到达救援一线后，医务人员在当地政府、民众的协助下一起展开紧急救援，进行伤情处理、外伤包扎等，作为心理医生的我们还时刻关注着当地百姓的心理问题。总体而言，大众面对灾难的心理承受能力有了明显提高，长期悲伤、悲痛、应激情绪反应等不太突出，更多的是对支持性干预的需要。"

解惑答疑

面对突如其来的灾难，人在没有任何心理准备的情况下遭受打击、目睹死亡、经历毁灭，会出现恐惧担心、迷茫无助、悲伤内疚、愤怒失望等应激反应，甚至留下长久的心理创伤。灾难发生后及时进行心理援助，可以帮助灾难亲历者最大限度地利用积极应对技能，走出心理阴影。正确、科学的心理引导显得尤为重要。遭遇灾难后，人通常会经历一系列心理反应，以下是一些较为普遍的表现：兴奋或生气，拒绝他人帮助，没有食欲；自责或责备他人，情绪不稳，伴有头部或胸部疼痛；拒绝与他人沟通，将自己封闭起来，拉肚子、胃疼、恶心；惧怕回忆，极度活跃，感到头晕、麻木或不知所措；大量饮酒和服用药物，感觉无助；常做噩梦，难以集中精神，记忆力减退；失眠、抑郁、疲劳、无力；等等。

预防处置

预防方法

1. 开展心理健康科普宣传。

2. 发放心理危机识别和处理的手册及宣传单。

3. 学习基本救助常识和心理辅导技术。

4. 加强自我心理保健。

应急处置

1. 快速加强安全感，提供情绪安慰。

2. 对情绪不稳定的生还者给予引导和帮助。

3. 帮助生还者说明特别的需求和顾虑，加强信息沟通。

4. 提供信息、及时帮助，解决生还者的燃眉之急。

5. 建立灾后社会联系网络，包括生还者的家庭成员、朋友、邻居和社区帮扶资源。

6. 协助生还者恢复身心健康，并且让他们在恢复的过程中起到自主的引导作用。

36 配备家庭急救箱

案例直击

记者在网上看到，医疗急救箱种类繁多，平均价格在100～300元之间，一般包含基本的消毒和包扎用品。除了少数几种销量靠前的品牌分别售出数万个之外，其他多数产品的销售量并不高。

记者致电北京某药店，得知店内只有一款空药箱在售，并未配备基本医疗救护用品。可见即便是专业的药品销售公司，也并不重视医疗急救箱的市场开发和利用。从目前的家庭消费习惯来看，在常用药品方面，多数家庭日常也仅配备一些创可贴、体温计、感冒药等，对于酒精棉球、绷带、生理盐水、应急冰袋等用品的准备比较少。

北京市应急管理局相关负责人介绍，各种灾害影响的主要群体与灾后急需援助的对象是以家庭为单位的市民，一旦发生灾害，储备必要的应急物资可以为家庭成员的自救互救和逃生提供物资保障。因此，北京市应急管理局提倡每个家庭储备必要的应急物资，一旦发生灾害，受灾家庭的成员就能在第一时间开展自救互救，可以减少灾难损失。至于配备家庭应急物资基础版还是扩充版，大家可结合自己的实际情况选择。

解惑答疑

日常生活中人们难免会因为各种意外出现大大小小的碰擦损伤，所以家里一般应配备家庭急救箱，解决不时之需。出现受伤流血状况，在急救车到来之前，第一时间包扎止血可以最大限度降低重伤员的死亡率。因健身导致肌肉拉伤、打篮球和踢足球崴脚、跑步跌倒擦伤时，可用急救箱的喷雾药品缓解肌肉疼痛，用创可贴止血。一旦发生重大灾情，家庭急救箱能够在一定程度上做到自救和互救，可将伤亡和损失降到最小。

预防处置

预防方法

家庭应急物资基础版包括应急物品、应急工具和常用应急药具三大方面十个类别的物资。

1. 应急物品方面，共三种，包括具备收音功能的手摇充电电筒、救生哨、毛巾纸巾或湿纸巾。

2. 应急工具方面，共四种，包括呼吸面罩、多功能组合剪刀、应急逃生绳、灭火器或防火毯。

3. 常用应急药具方面，共三种，包括常用的抗感染、抗感冒等药品，医用外科口罩、纱布、绷带等医用材料，以及处理伤口的碘附棉棒。

应急处置

1. 家庭急救箱的配置应根据家庭成员的健康状况而定，如家里有病人，应根据疾病需要配备相应的药品。

2. 一般病情的病人在服用药物时，可按说明书中规定的方法与剂量执行。小儿、老人、身体虚弱者或某些病情特殊的病人在服用药物时应遵照医嘱。

3. 特别要注意对家庭急救箱内的药品进行定期检查或更换，以免失去药效，或变成有毒物质误服而损害身体。

37 安全使用家用电器

案例直击

案例一　某日下午，孙女士的母亲跟平时一样在厨房做饭，然后转身去隔壁洗手间洗手。就在这一瞬间，燃气灶上面的钢化玻璃突然爆炸，喷溅了十几米远，满屋子都是碎玻璃渣。幸运的是人没在燃气灶前，因此没人受伤。

孙女士说，他们一年前购买了某品牌的集成灶，安装后使用一直没有问题，这次在没有任何征兆的情况下钢化玻璃突然就爆炸了，这说明产品本身就有质量问题。

案例二　某晚某小区三栋楼内数十户居民家中正在使用的电视机同时爆炸起火。事后维修人员检测了这几栋楼内的变电箱，发现事故起因是电压过高。由于楼内电路年久失修，一颗螺丝钉脱落，造成电路零线短路，事发瞬间电压高达380伏，正在使用的电视机被强大电流击穿，因此爆炸起火。

案例三　小李把手机放在床上充电，结果充电过程中突然发生了自燃，整块电池已经完全变形，手机后壳和机身留下了明显的燃烧痕迹，床单也被烧出了一个窟窿。幸运的是，没有造成太大的人员伤亡和财产损失，只是小李的手指受了点轻伤。

解惑答疑

案例一中燃气灶爆炸的原因是产品质量存在问题。案例中的燃气灶是个“三无”产品，价钱也不贵，结构简单，产品说明书无确定的功率，没有保护装置。电容器被击穿，继电器失灵，变压器温度升高，晶闸管及触发电路发生紊乱都有引发事故的可能。

案例二中电视机爆炸起火的原因是电压不稳定，正在使用的电视机被强大电流击穿，造成爆炸起火。提醒广大市民，家用电器不使用时应当处于断电状态。

案例三中手机自燃的原因是充电方式不当。手机充电时要注意以下几点：不要让电芯长期过度充电，特别是整晚充电；尽量不要一边打电话、玩游戏一边充电；尽可能使用原装充电器。手机使用过程中也要注意以下几点：不要长时间通话；不要将电池放在高温环境下，避免夏天阳光直射；建议使用原厂电池，不要随意改装手机；不使用破损电池。

预防处置

预防方法

1. 购买家用电器时，应购买国家认定的合格产品，不要购买“三无”产品。

2. 插座要尽量做到“专插专用”，尤其是使用电暖气等大功率用电设备时，不宜在同一个插座上再使用其他用电设备，以防过载。

3. 经常使用的家用电器，应保持其干燥和清洁，对供电线路和电气设备要定期进行绝缘检查。

4. 在使用过程中，禁止用湿手去接触带电开关或家用电器金属外壳，也不能用湿手更换电气元件或灯泡。

5. 家用电器使用完毕，要随手切断电源，紧急情况需要切断电线时，必须用绝缘电工钳或带绝缘手柄的刃具。

6. 家用电器接近使用寿命时，从安全和经济角度考虑，应尽早弃旧更新。

7. 不要把家用电器摆放得过于集中，或经常一起使用，以免使自己暴露在超剂量辐射的危害之中。各种家用电器、办公设备、移动电话等都应尽量避免长时间操作。

8. 使用中发出高热的电器应注意远离纸张、棉布等易燃物品，防止发生火灾；同时要避免烫伤。

9. 遇到雷雨天气，要停止使用电视机，并拔下室外插头，防止遭受雷击。

应急处置

1. 家用电器通电后发现冒火花、冒烟或有烧焦味等异常情况，应立即停机并切断电源检查。移动家用电器时，一定要切断电源。

2. 当发生家用电器着火时，要先切断电源，并用干燥的沙子或干粉灭火器灭火。不能用水或泡沫灭火器浇喷。水和泡沫产生的液体能导电，容易伤人。

3. 如遇他人触电，首先要确保自己处于安全区域，然后立即关闭电源开关或拔掉电源插头，让触电者迅速脱离电源。若无法及时找到或断开电源，可用干燥的木棒、竹竿等绝缘物体挑开电线。脱离电源后，将触电者迅速移到通风干燥的地方仰卧并立即拨打120急救电话求救，对触电者进行急救护理。

38 使用心脏除颤器抢救生命

案例直击

小李同学在参加学校体育部的1000米体质测试时倒了下来。体育部丁老师注意到异常，迅速跑到小李同学身边。只见小李面部朝下，没有自主起来的意识，丁老师缓慢地将小李的身体翻转过来，使其平躺，防止呼吸不畅并马上通知校医。

校卫生科科长李医生迅速赶到现场，见小李瞳孔散大，意识丧失，无自主呼吸，颈动脉搏动消失，几秒钟预判后当即决定对其实施人工心肺复苏抢救。同时，她让丁老师迅速从体育教学部取来心脏除颤器（AED），并拨打120急救电话。

在抢救的黄金时间里，小李出现了更令人担忧的状况，他由于心脏骤停发生了室颤。室颤，又名心室扑动和颤动，是导致患者快速死亡的心律失常，而且极少能自行中止。

李医生当即启动了AED。她给小李贴上电极，两块电极板分别贴在右胸上部和左胸左乳头外侧，然后将电极板插头插入AED主机插孔，仪器开始分析心律。当AED显示16:24:43时，AED分析出结果并提示“建议电击”，面对充电到200焦耳的仪器，李医生毫不犹豫地按下了电击按钮，AED实施电击。随着电击小李的身体震动了一下。到了16:25:08时，机器显示屏上显示正常心电图波形，小李同学恢复了窦性心律。

解惑答疑

AED是临床上广泛使用的抢救设备之一，主要由除颤充/放电电路、心电信号放大/显示电路、控制电路、心电图记录器、电源以及除颤电极板等组成。AED用脉冲电流作用于心脏，实施电击治疗，消除心律失常，使心脏恢复窦性心律。它具有疗效高、作用快、操作简便以及与药物相比较为安全等优点。对于心源性猝死患者，如果没有进行心肺复苏及电击除颤，其生命拯救率在0%~2%，而及时进行心肺复苏及电击除颤，并启动专业生命支持手段的话，其生命拯救率将可以保持在30%。

《中国公民健康素养——基本知识与技能（2015年版）》第63条明确指出："遇到呼吸、心跳骤停的伤病员，会进行心肺复苏。"熟练掌握心肺复苏技能和使用心脏除颤器，可以在黄金时间内完成对患者的抢救，大大提高患者的存活率。

预防处置

预防方法

1. 通过多次学习操作熟练掌握AED的使用方法，并进行演习。

2. 熟练掌握心肺复苏的技能。

应急处置

AED的四步操作法：

第一步"开"。患者仰卧，将AED放在患者耳旁，在患者左侧进行除颤操作，这样方便安放电极，同时可另有人在患者右侧实施心肺复苏。接通电源：打开电源开关，方法是按下电源开关或掀开显示器的盖子，仪器发出语音提示，指导操作者进行之后的步骤。

第二步"贴"。安放电极：迅速把电极片粘贴在患者的胸部，一个电极放在患者右胸上部（锁骨下方），另一个放在左乳头外侧，上缘距腋窝7厘米左右，在粘贴电极片时尽量减少心肺复苏按压中断时间。若患者出汗较多，应事先用衣服或毛巾擦干皮肤。若患者胸毛较多，会妨碍电极与皮肤的有效接触，可用力压紧电极，若无效，应剃除胸毛后再粘贴电极。

第三步“插”。急救人员和协助者应确保不与患者接触，避免影响仪器分析心律。心律分析需要5～15秒。如果患者发生室颤，仪器会通过声音或图形报警。

第四步“电”。按“电击”键前必须确定已无人接触病人，或大声宣布“离开”。当分析有需除颤的心律时，电容器往往会自动充电，并有声音或指示灯提示。电击时，患者会出现突然抽搐。第一次电击后，立刻继续实施心肺复苏。

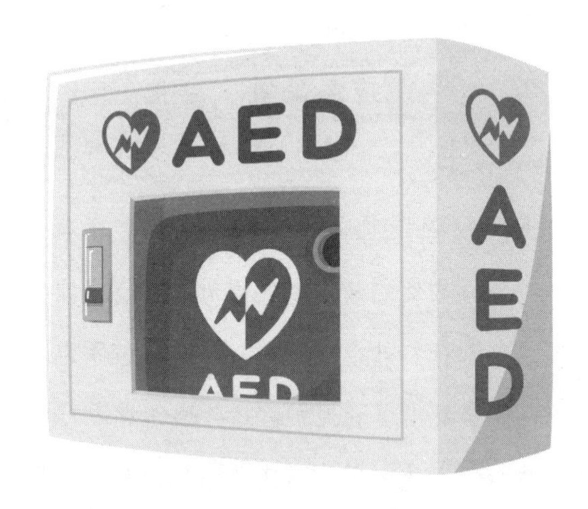

39 应对突发传染病

案例直击

近段时间，某市某小学某班级很多学生因感染“甲流”，突发高热，由线下转为居家线上教学4天。又有市民反映，某幼儿园某班级32个小朋友，几乎全部中招，不只是发烧咳嗽，而且还上吐下泻，精神萎靡，连老师也都感染了“甲流”，学校因此停课一周。

解惑答疑

“甲流”是甲型流感的简称，是由甲型流感病毒感染引起的急性呼吸道传染病。

流感病毒按其核心蛋白可分为甲、乙、丙、丁四种类型。在人群中呈季节性流行的流感病毒是甲型（甲型H1N1亚型和甲型H3N2

亚型）和乙型（Yamagata系和Victoria系）流感病毒。相较于乙型流感病毒，甲型流感病毒在自然界中的宿主众多，更易发生突变或重配，造成其在人群中快速传播，历史上多次大规模暴发的流感都与甲型流感病毒有关。近期我国多地出现的流感活动水平上升就是由甲型流感病毒中的甲型H1N1亚型所致。

流感起病急，大多为自限性。主要以发热、头痛、肌痛和全身不适起病，体温可达39℃~40℃，畏寒，多伴肌肉关节酸痛、乏力、食欲减退等全身症状，常有咽喉痛、干咳，有些还伴有鼻塞、流涕、胸部不适、颜面潮红、眼结膜充血等症状。部分患者症状轻微或无症状。

预防处置

预防方法

1. 做好个人防护：日常注意保持手部卫生和咳嗽礼仪。在流感高发季节，尽量避免去人群聚集场所，避免接触有呼吸道症状的人员，如必须接触时应做好个人防护。若出现呼吸道症状，应居家休息，进行健康观察，不带病上班、上课；尽量避免近距离接触家庭成员，如需接触时应配戴口罩；打喷嚏或咳嗽时应用手帕或纸巾掩住口鼻，避免飞沫污染他人，减少疾病传播。前往医院就诊时，患者及陪护人员需要戴口罩，避免交叉感染。

2. 保持环境卫生：保持居所清洁通风，对门把手、扶手等重点部位定期清洁与消毒。

3. 加强人员密集单位的健康监测：学校和托幼机构应加强校内晨午检和全日观察。出现流感样病例时，患者应居家休息，减少疾病传播。如发生聚集性疫情，应配合落实各项防控措施。

4. 尽快接种流感疫苗：接种流感疫苗是预防流感最有效的方法之一，流感季来临前是接种的最佳时期。对于尚未接种流感疫苗的孕妇、老年人、慢性病患者、低龄儿童等高风险人群，在流感疫苗可及的情况下尽快接种，仍能起到很好的预防保护作用。

应急处置

1. 建议患者居家休息。有条件的家庭尽量单间居住，保持房间通风，减少与共同居住者的接触机会。

2. 患者需注意个人卫生。保持良好的呼吸道卫生习惯，咳嗽和打喷嚏时应使用纸巾、手帕等遮掩口鼻。

3. 密切观察患者和家庭成员的健康状况。一旦患者或其他家庭成员出现持续高热，伴有剧烈咳嗽、呼吸困难、神志改变、严重呕吐与腹泻等重症倾向，应及时就医。去医院就诊时，患者及陪护人员要戴口罩，避免交叉感染。

4. 尽可能由相对固定的一名非流感高危人群的家庭成员照顾、接触患者，近距离接触患者时应佩戴口罩。家庭成员，尤其是流感高危人群应尽可能避免与流感患者密切接触。

40 防范装修甲醛中毒

案例直击

案例一　牟女士花9000元在某装饰公司买了一些壁纸装饰新家。完工后，牟女士一家搬进去住。一段时间后，全家人都感到有头疼等不良症状。经过专业人员检测，发现客厅、书房等房间空气中甲醛浓度超出标准值3倍，而施工用的墙纸胶浆是罪魁祸首。

案例二　新婚的何先生订购了一套新家具。到货之后，何先生及家人发现送来的家具甲醛气味很浓，便向送货人员提出疑问，送货人员说新家具都是这样，过一段时间气味就会消失。但是何先生家里的家具用了一年多时间，甲醛气味还是没有消失。他们想尽了各种办法：用茶叶吸附、用中草药熏，都没有效果。何先生的妻子已有孕在身，何先生夫妻俩和厂家多次联系也没能解决气味问题。随着温度的升高，何先生家里的家具气味更浓了。厂家说，放两个洋葱可以消除味道，于是他们一下子放了10斤洋葱，也没见效果。后来何先生夫妻俩从检测中心的有关人士处获悉，制造家具的人造板材中含有大量的甲醛，甲醛有致癌和导致胎儿畸形的风险。医院检查也发现胎儿发育畸形。为了自己未出世的孩子不至于因甲醛超标而导致残疾，夫妻俩只好忍痛做了人工流产。

解惑答疑

甲醛是一种毒性较强的气体，在有毒气体名单中位列第二。室内的甲醛大多数来源于人造板材、涂料、油漆等材料。甲醛作为致癌及致畸的有毒气体，一旦入侵人体会出现中毒症状。每个人的身体状况不一样，在所有接触装修甲醛的人中，儿童（婴儿）和孕妇本身体质比较弱，对甲醛尤为敏感，甲醛对他们产生的危害也就更大。不同浓度的甲醛会导致不同程度的甲醛中毒症状。轻度中毒，会出现明显的眼部及上呼吸道黏膜刺激症状，主要表现为眼结膜充血、红肿，呼吸困难，呼吸声粗重，喉咙沙哑，讲话干涩喑哑或湿腻。中度中毒，会出现咳嗽不止、咯痰、胸闷、呼吸困难等症状。重度中毒，会出现肺水肿与四度喉水肿的病症。甲醛中毒症状的具体表现还包括恶心、头晕目眩、经常感冒、喉咙感觉有异物、小孩经常咳嗽、打喷嚏、免疫力下降、群体性的家人过敏反应、共有性的家人疾病、新婚夫妇长期不孕不育、胎儿出现异常、室内植物及宠物的存活率低等情况。

预防处置

预防方法

1. 新房装修后不要立即入住。

2. 利用甲醛自检盒检测或让甲醛检测公司检测。

3. 勤通风，改善室内通风设备。

4. 使用不会产生二次污染的空气净化剂去除甲醛或用活性炭缓解甲醛危害。

5. 家庭装修不要采用过多的装饰物，避免甲醛危害。

应急处置

1. 如在甲醛超标环境待过，应用大量的清水冲洗全身，换掉被甲醛污染的衣服，并用肥皂水或2%碳酸氢钠溶液清洗。

2. 迅速撤离至空气新鲜处，保持安静和保暖，必要时吸氧。

3. 中毒人员应避免活动，出现上呼吸道刺激反应者至少观察24小时。

4. 眼睛接触过甲醛应先用大量清水冲洗几分钟，然后就医。严重者速送医院抢救。